JN409546

월평공원 · 갑천

생태도감

월평공원 · 갑천

생태도감

강희영 김현숙 문광연 박영준
송태재 신창환 이순재 조영호

토마토

월평공원 · 갑천 지도
대전시교육청
시청역
탄방역
백운초
법원
샘머리공원
서구청
둔산초
을지대병원
둔산경찰서
이마트
둔지미 공원
둔산여고
둔산중
갈마공원
갈마역
갈마초
월평중
갑천중
서대전고
다모아A
하나로A
월평역
이마트
은평공원
내동초
변동중
변동 근린공원
봉산중
괴정중
괴정고
둔원중
둔원초
대전서중
서대전여고
내동중
서부초
둔원고
KT인재 개발원
코오롱A
동산맨션
갈마A
롯데A
갈마 도서관
월평 싸이클장
봉산초
갈마중
한밭고
월평공원
늦반딧불이 이삭귀개
참나무숲길
버드나무 숲길
동서로
월평정수 사업장
양서류서식지
월평타운A
월평동산성
월평초
갑천대교
유림공원
갑천역
패션월드
성심 효사랑병원
계룡대교
갑천
만년교
유성구청
홈플러스
위드리버A
투유원A
유성천
계룡 스파텔
유성웰니스 재활병원
신안 인스빌A
대전체육고
원신흥초
흥도초
봉명중
봉명초
휴먼시아 6단지
도안 휴먼시아1단지
진잠천
봉암초
유성우체국
유성온천역
유성문화원
장대초
장대중
유성고속 터미널
유성시외버스 터미널
상대초
유성중
유성고
대전예술고
유성생명 과학고
구암역
유성초
유성IC

혜천대
복수고
유천초
삼육중
제일고
제일중
미중
럭키도마A
배재대
정림초
코오롱강변A
정림우성A
서구국민
체육센터
물닭 논병아리
흰뺨검둥오리
세월교
주차장
가수원역
은아A
가수원중
시설관리공단
장묘센터
도솔산
보루
도솔산
가새바위
수달
고니 쇠오리
흰뺨검둥오리
청둥오리
보
가수원
네거리
가수원초
계룡A
동방고
느리울초
남부순환도로
건양대병원
느리울중
엘드수목토A
도안초
관저초
관저중
소태봉
옥녀봉
선암초
관저고
봉우중
구봉고
목원대
범 례
노 거 수
마 을 회 관
화 장 실
정 자
안 내 판
자 전 거 보 관 소
버 스 승 강 장
기 차 역
지 하 철
걷 는 길
도보 · 자전거길
그림 이기수

대전의 미래 자산 월평공원 · 갑천 함께 지키겠습니다!

도심 속 생태숲은 생활에 활력을 주는 동시에 생태계의 다양성을 유지하는 공간입니다. 이러한 의미에서 월평공원과 갑천은 대전 시민의 소중한 자산입니다. 살아 숨 쉬는 월평공원과 갑천을 모두가 감상할 수 있는 『월평공원 · 갑천 생태도감』은 환경을 지키기 위해 꼭 필요한 책입니다.

국회의원 **박병석**

뜨거운 무더위 속에서 자연이 푸르른 녹음을 자랑하는 여름입니다. 대전 유일의 생태공원 '월평공원'과 '갑천'은 도심 속 자연으로서 대전 시민에게 무더위 속 친구가 되어 줄 것입니다. 야생 동식물 도감 『월평공원 · 갑천 생태도감』 발간을 진심으로 축하드리며 대전 시민들이 자연과 더 가까워질 수 있기를 기원합니다.

국회의원 **박범계**

생명사랑, 인간사랑 실천으로 인류의 건강한 미래 실현을 위해 노력하는 대전충남녹색연합의『월평공원 · 갑천 생태도감』발간을 대전교육가족과 함께 축하드리며, 대전의 아름다운 생태숲인 월평공원을 가꾸고 지키는 데 소중한 자료로 활용되기를 바랍니다.

대전시 교육감 **설동호**

온실가스로 인한 심각한 기후변화의 시대에, 대전 유일의 도심 속 생태숲인 월평공원이 갖는 의미는 단순한 도시민의 쉼터로서의 기능에 국한되는 것이 아니라 도시 전반을 아우르는 대기 정화 장치의 역할을 하고 있다는 점입니다. 이러한 상황에서 발간되는『월평공원 · 갑천 생태도감』은 월평공원의 의미를 시민들에게 되새기게 한다는 면에서 큰 의미를 갖습니다.

대전시의원 **전문학**

대전에는 우리가 가꾸고 보호해야 할 많은 자산이 있지만 그중 가장 으뜸은 월평공원 · 갑천입니다. 도심 안에 이런 아름다운 자연 생태계를 간직한 곳이 있다는 것이 정말 놀랍고 자랑스럽습니다. 대전 시민들도 "우리 지역에 이런 곳이 있어?" 하고 놀라워하죠. 지금 진행되고 있는 갑천 자연하천 구간을 습지보전지역으로 지정하기 위한 우리의 노력에 이 책이 중요한 역할을 할 것입니다.

대전시의원 **박정현**

생태교육의 현장, 월평공원과 갑천

대전충남녹색연합 대표 **이동규**

월평공원과 갑천에는 800여 종의 야생 동식물이 살고 있습니다. 월평공원은 도심 온도 상승을 억제할 뿐만 아니라 우리에게 쉼을 주는 공간입니다. 또한 생태교육의 현장으로서 중요한 역할을 하고 있습니다. 여기에서는 각종 동식물이 더불어 살고 있는 모습을 볼 수 있습니다.

이 책은 도솔산이 누워 있는 월평공원과 갑천의 야생 동식물을 소개합니다. 월평공원은 육상생태계와 수생태계가 조화를 이루고 있는 곳입니다. 천연기념물인 황조롱이가 하늘을 날고, 쉬리와 미호종개가 갑천에서 헤엄을 치며, 늦반딧불이가 여름밤을 장식합니다.

월평공원은 우리가 자연과 함께 살아야 한다는 것을 보여 주는 곳입니다. 자연은 우리들의 어머니이며 선생님입니다. 자연은 우리에게 무한한 사랑을 주면서 뭇 생명과 함께 더불어 살아야 된다는 것을 가르쳐 줍니다.

도감을 들여다보면 산새들이 지저귀는 소리, 복수초가 꽃을 피우는 소리, 애벌레가 풀을 갉아 먹는 소리, 새가 물고기를 잡느라 첨벙거리는 소리, 꽃이 씨를 퍼트리는 소리가 들릴 것입니다.

우리가 살고 있는 대전에도 이런 멋진 월평공원이 있다는 것은 큰 자랑입니다. 이 도감은 월평공원에 살고 있는 식물류, 선태류, 육상곤충류, 양서파충류, 어류, 조류, 저서성 대형무척추동물 등이 사계절을 어떻게 지내고 있는지를 볼 수 있도록 꾸몄습니다. 이 도감을 통해서 월평공원, 나아가서는 자연과 더 친근해지기를 바랍니다.

이 책이 교육교재로도 활용되어 자연을 사랑하는 사람들이 더욱 많아지는 계기가 되기를 기대해 봅니다.

도시 생태보물섬, 월평공원과 갑천

대전충남녹색연합 사무처장 **양흥모**

월평공원과 갑천은 대전 도심에서 유일하게 보전되어 있는 생태숲이며 자연하천이다.

사실 월평공원이라는 말보다 도솔산, 연자산 등의 산 이름이 더 어울리는 좋은 숲이며, 갑천이 월평공원과 도안뜰 사이로 흘러 육상생태계와 수생태계가 조화를 이루는 자연 생태계가 매우 우수한 곳이다.

대전의 대표적인 야생동물인 미호종개(천연기념물 제454호)를 비롯하여 수달(천연기념물 제330호), 흰목물떼새(멸종위기야생동식물 Ⅱ급) 등 법적 보호종과 우리에게 친숙한 반딧불이, 가재, 사슴벌레, 딱따구리 등 800종 이상의 야생 동식물이 서식하고 있다.

월평공원은 1990년, 대전시가 조성계획을 결정한 근린공원으로 면적이 3.995㎢으로 대전시 전체 면적 539.98㎢의 0.7% 정도가 되지만 생태적 가치는 그 이상이다.

월평공원과 갑천은 신선한 공기를 공급하고, CO_2 저감 및 미세먼지 등 대기오염 물질을 정화한다. 여름철에는 도시 온도를 낮추고 습도 조절까지 하는 대전의 허파이자 시민들이 산책과 등산, 환경교육 등으로 즐겨 찾는 녹색 휴식처이기도 하다.

이곳에는 '월평산성'이라는 백제 시대의 산성이 있는데 둘레가 약 400m이고, 계곡을 싸고 있는 포곡식(包谷式) 석축산성이다. 월평산성에는 도깨비와 보물 이야기가 전해 내려오고 있는데 성 일대에 묻혀 있는 보물을 탐내다 도깨비들에게 혼나는 이야기다.

월평산성에 전해 내려오는 이야기처럼 월평공원과 갑천의 보물은 누구도 따로 소유할 수 없다. 모두의 보물이며 훼손되어서는 안 되는 현세대가 미래세대에게서 빌려 쓰고 있는 자연유산이다.

월평공원과 갑천의 보물, 이 도감과 함께 찾아보자.

월평공원 · 갑천에 사는 야생 동식물

생물군	서식현황	특이종(천연기념물, 멸종위기종 등)
식물류	79과 102속 262종	이삭귀개와 땅귀개(산림청지정 희귀식물) 낙지다리(산림청지정 희귀식물) 쥐방울덩굴(산림청지정 희귀식물)
육상곤충류	14목 100과 342종	봄처녀나비(IUCN Red List) 큰주홍부전나비(IUCN Red List) 늦반딧불이(월평공원 · 갑천 관심종)
수서곤충류	7강 44과 75종	
포유류	11종	수달(천연기념물 제330호, 멸종위기종 Ⅰ급) 삵(멸종위기종 Ⅱ급)
어류	7과 33종	미호종개(천연기념물 제454호, 멸종위기종 Ⅰ급) 감돌고기(멸종위기종 Ⅰ급, 쉬리, 돌고기)
조류	11목 25과 56종	큰고니(천연기념물 제201-2호, 멸종위기종 Ⅱ급) 원앙(천연기념물 제327호) 황조롱이(천연기념물 제323-8호) 붉은배새매(천연기념물 제323-2호) 개구리매(천연기념물 제323-3호, 멸종위기종 Ⅱ급) 새매(천연기념물 제 323-4호) 흰목물떼새(멸종위기종 Ⅱ급)
양서파충류	11과 10종	맹꽁이(멸종위기종 Ⅱ급)
선태류	16종	

* IUCN Red List 국제자연보전연맹 적색목록
출처 2005~2006 대전충남녹색연합 조사결과
'나는 월평공원 생태박사' 조사결과

* 월평공원 · 갑천에는 800종 이상의 생물 서식

차례

1장

봄

봄에 만나는 야생 동식물

생태체험 프로그램

월평공원과 갑천의 봄,
지금 만나러 가 볼까요?

봄, 월평공원의 모든 생명들이 깨어나기 시작합니다.

꽃 친구들과 곤충 친구들, 개구리 친구들이 하나하나 따스한 봄 햇살을 받으며 활짝 기지개를 켭니다. 월평공원으로 들어가면 노란 얼굴의 민들레와 꽃다지가 우리를 반갑게 맞아 줍니다.

들판에 푸르게 자라난 토끼풀과도 인사를 합니다. 버드나무와 물오리나무를 지날 때면, 짝짓기를 하느라 분주한 사시나무잎벌레들을 많이 만나게 됩니다. 곁에 사람이 와도 전혀 신경 쓰지 않는 녀석들에게 조금은 서운할 수도 있지만 녀석들에게 이 시기는 일생에 최고의 날이랍니다.

습지에서는 무슨 일이 벌어지고 있을까요?

조금은 지저분해 보여도 이 물웅덩이 속에 두꺼비와 맹꽁이의 올챙이들이 와글와글 무리를 지어 살고 있지요. 그 주위를 밀잠자리들이 날아다닌답니다.

갑천의 모래톱에 오면 발 앞에서 톡톡 튀며 길을 안내하는 참길앞잡이를 볼 수 있어요. '이쪽이야', '아니야 이쪽이야' 하며 저희들끼리 길을 찾느라 야단이지요. 앗! 발밑을 조심하세요. 모래 속에 집을 짓고 개미를 기다리고 있는 개미귀신을 밟을지도 모른답니다.

숲으로 올라가면, 여기저기 하얀 구름 같은 조팝나무 꽃이 화사하게 피어 있습니다. 거북이 등 모양의 남생이무당벌레와도 인사를 하고 "찌쭈, 쯔르르르" 하고 우는 박새 소리도 들을 수 있어요. 봄철 집 단장을 하느라 큰 나무에 집을 파고 있는 쇠딱따구리도 만날 수 있답니다. 맑은 물이 흐르는 계곡에는 도롱뇽이 알을 잔뜩 낳아 놓았어요. 이제 곧 그 알들이 부화해서 멋진 도롱뇽이 되면, 다음 해 또 다시 이 계곡을 찾아오겠지요?

월평공원과 갑천의 봄, 지금 만나러 가 볼까요?

「월평공원과 갑천의 봄 풍경」 백상구

봄에 만나는
야생 동식물

식물류

선태류

양서파충류

육상곤충류

갑각류

수서곤충류

조류

쇠뜨기

Equisetum arvense L.

속새과 | **꽃** 홀씨 줄기 3~4월 출현 | **열매** 민꽃식물이라 꽃과 열매가 없다. | **높이** 25~40m | **종류** 여러해살이풀 | **쓰임** 홀씨줄기 – 나물 / 영양줄기 – 이뇨제

햇볕이 잘 드는 풀밭 같은 곳에 흔히 나고 땅속줄기가 길게 벋으며 번식한다. 홀씨줄기는 이른 봄에 나는데, 끝에 뱀 대가리 같은 포자낭 이삭이 생기며 이를 뱀밥이라고 한다. 하나의 둥근 기둥처럼 보이는 생식줄기에 마디마다 비늘 같은 잎들이 돌려날 뿐 가지들이 달리지 않는다. 그 뒤에 초록색의 영양줄기가 나는데, 돌려난 가지와 잎이 가느다란 사각 기둥처럼 생겨서 마디마디 이어져 있다.

식물체의 줄기와 잎 모두 마디를 떼었다가 다시 조립해 본다. 레고처럼 분해와 재조립이 가능하다.

그늘사초

Carex lanceolata Boott

사초과 | **꽃** 4~6월 | **열매** 6월 | **높이** 10~30cm | **종류** 여러해살이풀

평지의 건조한 풀밭이나 산지 숲속에서 자란다. 잎은 뿌리에서 모여 나고 좁은 줄 모양이다. 꼭 기다란 머리카락이나 털처럼 보인다. 수꽃은 곤봉 모양으로 1개, 암꽃은 짧은 원기둥 모양으로 2~3개가 난다. 엷은 녹색의 씨앗주머니는 세모진 달걀 모양이며 짧은 털이 빽빽이 덮여 있다.

산속의 건조한 솔밭 밑에서 머리털처럼 수북이 자란 예쁜 사초를 찾아 쓰다듬어 보고 어떤 느낌인지 말해 보자.

은방울꽃

Convallaria keiskei Miq.

백합과 | **꽃** 5~6월 | **열매** 7~8월 | **높이** 25~35cm | **종류** 여러해살이풀 | **쓰임** 관상용, 향수

꽃은 둥근 종 모양이다. 꽃줄기 마디마디에 열 송이 정도가 아래를 향하여 핀다. 땅속줄기가 옆으로 길게 뻗으면서 군데군데에서 새순이 나오고 수염뿌리가 사방으로 퍼진다. 밑부분에서는 칼집 모양의 긴 잎이 있고 그 가운데에서 2개의 잎이 나와 마주 감싼다. 꽃의 모양이 방울 모양을 닮았고 빛깔이 희기 때문에 은방울꽃이라고 하고 향수화라고도 불린다.

은방울꽃에서 맑은 방울 소리가 나는지 귀를 대고 들어 보자.
은은하고 좋은 향기가 나는지 냄새를 맡아 보자.

선밀나물
Smilax nipponica Miq.

백합과 | **꽃** 5~7월 | **열매** 8~9월 | **높이** 1m | **종류** 여러해살이풀 | **쓰임** 어린잎 – 나물

줄기는 곧게 서지만 윗부분이 약간 휘고 잎은 둥근 달걀 모양으로 끝이 뾰족하다. 잎겨드랑이에서 자란 덩굴손으로 다른 물체를 감는다. 암그루와 수그루가 따로 있다. 열매는 검은색으로 익는데 표면이 흰 가루로 덮인다.

청미래덩굴과 비교해 보자. 꽃과 잎은 비슷하지만 줄기가 다르다. 청미래덩굴은 가시가 있고 선밀나물은 가시가 없다. 어린순을 나물로 먹어 보자.

별꽃
Stellaria media Villars

석죽과 | **꽃** 5~6월 | **열매** 8~9월 | **높이** 10~20cm | **종류** 두해살이풀 | **쓰임** 나물, 동물의 사료

밭이나 길가에서 자라며 별 모양의 흰 꽃이 가지 끝에 핀다. 잎은 가장자리가 밋밋하며 끝이 뾰족한 달걀 모양으로 2개씩 마주 보며 난다. 꽃 모양이 별을 닮아서 별꽃이다. 열매는 삭과로 달걀 모양이다.

체험 노트 별꽃은 꽃잎이 열 장인 것처럼 보이지만 자세히 보면 다섯 장의 꽃잎이 반으로 깊게 갈라져서 그렇게 보인다. 별꽃과 비슷한 쇠별꽃은 크기가 작고 종자는 타원형으로 겉에 젖꼭지 모양의 돌기가 있다.

할미꽃

Pulsatilla koreana Nakai

미나리아재비과 | **꽃** 4~5월 | **열매** 5월 | **높이** 25~30cm | **종류** 여러해살이풀 | **쓰임** 뿌리 – 진통제, 설사약, 살충제

산과 들판의 양지쪽에서 자란다. 곧게 들어간 굵은 뿌리머리에서 잎이 무더기로 나와서 비스듬히 퍼진다. 잎은 잎자루가 길고, 5개의 작은 잎으로 된 깃꼴잎이다. 전체에 흰 솜털이 나 있으며 흰빛이 돌지만 표면은 짙은 녹색이고 털이 없다. 꽃은 붉은 자주색을 띤다.

옛날에 시집간 손녀의 집을 찾아가던 할머니가 높은 고개를 넘다가 세상을 떠났다. 손녀가 슬퍼하며 할머니를 햇볕이 잘 드는 곳에 묻어 드렸는데, 할머니 허리를 닮은 굽은 꽃이 피고 할머니 머리털 같은 흰 열매가 맺혀서 그 꽃을 할미꽃이라고 불렀다.

꽃잎이 지고 나면 흰 털이 난 씨를 볼 수 있다. 할미꽃의 씨앗을 관찰해 보자. 씨 주변에 하얀 머리털이 무성하게 나 있다.

산괴불주머니

Corydalis speciosa Maxim.

현호색과 | **꽃** 4~7월 | **열매** 8~9월 | **높이** 20~50cm | **종류** 두해살이풀 | **쓰임** 진통제

습한 산지에서 자란다. 높이는 약 40cm로 입술 모양의 노랑색, 연한 노랑색, 자주색, 붉은빛이 도는 노랑색 꽃이 촘촘히 모여 핀다. 꽃잎은 긴 통 모양으로 앞부분은 입술을 닮았고 뒷부분은 기다란 꿀주머니로 되어 있다. 세모나게 접은 고운 비단 속에 솜을 넣고 수를 놓아 만든 노리개인 괴불주머니를 닮았다고 해서 이름 붙여졌다. 북한에서는 산뿔꽃이라 부른다. 열매는 염주 모양으로 달린다.

체험 노트 이 꽃의 꿀을 빨아 먹는 나비의 주둥이는 어떻게 생겼을까?

냉이

Capsella bursa-pastoris (L.) Medicus

십자화과 | **꽃** 5~6월 | **열매** 6~7월 | **높이** 10~50cm | **종류** 두해살이풀 | **쓰임** 어린잎, 뿌리 – 나물, 국, 설사약, 변비약

십자 모양의 자잘한 흰색 꽃이 촘촘히 핀다. 가을에 뿌리에서 잎이 뭉쳐 나와 방석처럼 퍼져 겨울을 나고 이듬해 봄에 줄기가 길게 자라 꽃이 핀다. 나상구, 나새이, 내이, 납가새, 나승게, 라고도 한다. 냉이의 꽃말은 봄처녀이다. 어린순과 뿌리는 대표적 봄나물이라 예부터 냉잇국을 많이 끓여 먹었다.

열매가 어떤 모양인지 관찰해 본다. 냉이는 여러 종류가 있는데 종에 따라 모양이 다르다. 냉이는 하트 모양, 다닥냉이는 둥근 모양, 논냉이는 길쭉한 모양, 말냉이는 열매가 크고 둥근 부채 모양이다. 냉이가 십자화과인 이유를 알아보자.

꽃다지

Draba nemorosa var. *hebecarpa* Lindbl.

십자화과 | **꽃** 4~6월 | **열매** 5~7월 | **높이** 10~20cm | **종류** 두해살이풀 | **쓰임** 어린잎 – 나물, 국

전체에 흰 털이 보송보송 나 있다. 뿌리에서 주걱 모양의 잎이 뭉쳐 나와 방석처럼 퍼져 겨울을 나고 이듬해 봄에 줄기 끝에 노란 십자 모양의 꽃이 모여 핀다. 호박이나 오이 등의 첫 열매를 꽃다지라고 하는데, 꽃 중에 가장 먼저 피는 꽃이라는 뜻이다. 또한 꽃이 다닥다닥(닥지닥지) 핀 모양에서 유래되었다.

꽃다지의 꽃잎 색과 열매를 냉이와 비교해 본다. 냉이는 꽃잎 색이 희고 열매는 하트 모양인데 꽃다지는 꽃잎 색이 노랗고 열매가 타원형이다.

남산제비꽃
Viola chaerophylloides (Regel) W. Becker

제비꽃과 | **꽃** 4~5월 | **열매** 5~6월 | **높이** 10~15cm | **종류** 여러해살이풀 | **쓰임** 어린잎 – 나물, 해독제, 이뇨제

다른 제비꽃과 달리 미색이 도는 흰색이다. 잎이 3개로 갈라지고 옆쪽 잎이 다시 2개씩 갈라져 마치 5개로 보인다. 각 조각은 다시 2~3개로 갈라지거나 깃털 모양으로 깊게 갈라져서 마지막 조각은 줄 모양이 된다. 꽃잎 안쪽에 자주색 줄무늬가 있다.

제우스가 헤라의 시녀인 이오와 사랑에 빠지자 헤라가 이오를 흰 암소로 만들어서 풀도 없는 메마른 들판으로 내쫓았는데 굶어 죽게 된 이오를 위해 제우스가 만들어 준 풀이라고 한다.

제비꽃의 여러 종류를 비교해 본다. 보라색, 노란색 등 꽃 색깔이 다양하다. 남산제비꽃의 잎이 코스모스 잎처럼 생겼는지, 또 향기가 있는지 살펴본다.

Taraxacum mongolicum H. Mazz.

국화과 | **꽃** 4~6월 | **열매** 6~7월 | **높이** 20~30cm | **종류** 여러해살이풀 | **쓰임** 잎 – 나물, 쌈 / 뿌리 – 가래 삭임, 기침약

도시 주변에서 흔히 볼 수 있는 것은 서양민들레이고 드물게 보이는 흰 민들레와 연노랑색 민들레가 토종이다. 서양민들레는 4~10월까지 더 오랫동안 꽃이 핀다. 잎은 톱니 모양으로 깊이 패어 있다. 둥근 갓털이 달려 있는 줄기를 따라 중심에 있는 것이 열매이다. 어린싹을 서양에서는 샐러드로 먹는다. 옛날 노아의 홍수 때 밀려오는 물살을 보고 모두 도망쳤지만, 민들레는 발이 땅에 붙어 있어 도망칠 수 없었다. 도망가려고 애를 쓴 나머지 머리가 하얗게 세어 버렸고, 그것이 오늘날의 갓털이 되었다고 한다.

서양민들레와 토종민들레를 비교해 보자. 꽃을 받치고 있는 총포가 뒤로 젖혀져 있으면 서양민들레이고 오므라져 있으면 토종이다.

토끼풀

Trifolium repens L.

콩과 | **꽃** 5~7월 | **열매** 9월 | **높이** 10~20cm | **종류** 여러해살이풀 | **쓰임** 토끼와 말 먹이

네잎클로버를 행운의 상징이라 하여 소중히 여기지만 이는 돌연변이이고 보통 세 장의 꽃잎을 갖고 있다. 나비 모양의 흰색 꽃이 공처럼 둥글게 모여 피는데, 붉은색의 토끼풀은 귀화식물이다. 토끼나 말이 잘 먹어서 사료 작물로 쓰이기 때문에 토끼풀이나 말풀이라 부른다.

나폴레옹이 전쟁터에서 우연히 잎이 네 장인 클로버를 발견했다. 이를 신기하게 여긴 나폴레옹은 좀 더 자세히 보려고 허리를 숙였는데 그 순간 총알이 머리 위로 날아왔다. 클로버를 보려고 허리를 숙인 덕분에 목숨을 건졌으므로 나폴레옹은 자신의 행운을 네잎클로버에 돌렸다고 한다.

토끼풀 2개를 엮어 시계를 만들어 보자.

Chelidonium majus var. *asiaticum* (Hara) Ohwi

양귀비과 | **꽃** 5~8월 | **열매** 9월 | **높이** 30~80cm | **종류** 두해살이풀 | **쓰임** 노란 즙 – 살균, 통증 완화

5월에서 8월 사이에 마을 근처의 길가나 풀밭에서 꽃을 피운다. 잎 끝에 노란 네 장의 꽃잎이 모여 피며 줄기와 잎을 자르면 노란 즙이 나온다. 쓴맛이 강한 즙에 독이 있으므로 먹지 않도록 한다. 꽃이 지고 나면 가느다란 기둥 모양의 열매가 맺힌다. 이 열매를 짓이겨 벌레 물린 곳에 바르면 잘 낫는다고 한다. 노란 즙이 애기 똥 같아서 붙여진 이름이다. '까치다리'라고도 한다.

체험 노트 잎과 줄기에서 나오는 노란 즙을 손톱에 발라 보자. 매니큐어를 칠한 것 같다.

자운영

Astragalus sinicus L.

콩과 | **꽃** 4~5월 | **높이** 10~25cm | **종류** 두해살이풀 | **쓰임** 땅을 기름지게 하는 비료식물

꽃 색깔은 홍자색이다. 줄기는 지면을 따라 뻗으며 꽃잎은 깃 모양의 겹잎이다. 꼬투리는 검게 익는다. 중국에서 비료식물로 들어왔다. 뿌리혹박테리아가 있어서 공기 중에 질소를 받아들여 스스로 질소비료를 생산하기에 땅을 갈아엎으면 저절로 땅이 비옥해진다. 꽃에 꿀이 많아 꿀을 만드는 식물로 이용된다.

뿌리를 살펴보자.

큰개불알풀

Veronica persica Poir.

현삼과 | **꽃** 4~6월 | **높이** 10~30cm | **종류** 한두해살이풀 | **쓰임** 나물

꽃색은 흰빛이 도는 연한 하늘색, 군청색이다. 가지에 부드러운 털이 있고 바닥을 기며 자란다. 잎은 마주나고 윗부분에서 어긋난다. 네 갈래로 갈라지는 꽃잎 안쪽에는 짙은 색깔의 줄무늬가 있다. 둥근 타원형의 삭과 열매는 그물 무늬가 있다. 봄까치꽃이라고도 한다.

꽃이 진 다음 열매를 관찰하고 이름과 연관 지어 보자. 거꾸로 된 심장 모양에, 가장자리에는 털이 나 있다.

버드나무

Salix koreensis Anderss.

버드나무과 | **꽃** 4월 | **열매** 5월 | **높이** 15~20m | **종류** 갈잎큰키나무 | **쓰임** 나무 – 바구니, 소쿠리, 정원수

나무껍질은 얕게 갈라져 있고 잎은 뾰족한 피침형이다. 연한 노란색 꽃이 피고 솜털이 달린 씨앗이 바람에 날린다. 나뭇가지가 잘 휘어지며 들이나 냇가에서 잘 자란다. 버드나무는 여러 종류가 있는데, 갯버들은 꽃이 눈처럼 하얗고 폭신한 털에 쌓여 있고 키가 1~2m밖에 안 된다. 수양버들은 가지가 아래로 길게 늘어져 있다.

버드나무를 찾아 그 형태를 보고 어떤 종류의 버드나무인지 구분해 보자.
물오른 갯버들가지로 버들피리를 만들어 보자.

물오리나무

Alnus hirsuta (Spach) Rupr.

자작나무과 | **꽃** 3~4월 | **열매** 10월 | **높이** 15~20m | **종류** 갈잎큰키나무 | **쓰임** 땔감, 염색재료

나무껍질은 가로로 갈라지고 잎은 가장자리에 톱니가 있다. 산오리나무라고도 하며, 산지에서 자란다. 꽃이 잎보다 먼저 피는데 암꽃과 수꽃이 따로 있으며 수꽃은 꼬리처럼 늘어지고, 암꽃은 붉은색으로 달린다. 오리나무류의 나무들은 뿌리혹박테리아를 갖고 있어서 공기 중의 질소를 고정하여 생장에 이용하기 때문에 토양에 많은 질소를 가져다주는 비료목이다.

체험 노트 주로 물기가 많은 곳에서 이 나무를 찾아보자.

느티나무

Zelkova serrata Makino

느릅나무과 | **꽃** 5월 | **열매** 10월 | **높이** 20~30m | **종류** 갈잎큰키나무 | **쓰임** 넓은 그늘

잎은 달걀형으로 끝이 뾰족하며 가장자리톱니가 있다. 오래된 나무의 수피는 진한 회색으로 비늘처럼 떨어지고, 나무눈이 옆으로 길게 만들어진다. 생장속도가 매우 빠르지만 가뭄이나 바닷바람, 공해가스에도 약하다. 느티나무 아래 흔히 쉼터인 정자를 만들기 때문에 정자나무라고 하거나, 나무 전체적인 모습이 둥글어 둥구나무라고 부른다. 예부터 오래된 느티나무는 마을을 지켜 주는 상징으로 여겼다. 은행나무와 함께 오래 사는 나무로 알려져 있고, 우리나라에 자라는 1,000년 이상의 나이를 먹은 60여 그루 중 스물다섯 그루가 느티나무이다.

느티나무를 안아 보고 몇 아름이 되는지 세어 보자.

찔레나무

Rosa multiflora Thunb.

장미과 | **꽃** 5~6월 | **열매** 9~10월 | **높이** 1.5~2m | **종류** 갈잎떨기나무 | **쓰임** 열매 – 콩팥을 튼튼히 한다.

하얀 꽃이 여러 송이 몰려 나고, 향기가 있다. 어린 가시는 녹색이지만, 겨울에 붉게 되고 가시와 털이 있는 것도 있다. 열매는 둥글고 9~10월에 빨갛게 물든다. 배고픈 시절 간식거리였던 찔레순을 꺾다 가시에 찔린다고 '찔레'라는 이름이 붙었다.

찔레순을 꺾어 어떤 맛인지 먹어 보자.

생강나무
Lindera obtusiloba Bl.

녹나무과 | **꽃** 3월 | **열매** 9~10월 | **높이** 3~5m | **종류** 갈잎떨기나무 | **쓰임** 잎 · 줄기 – 차 / 열매 – 머릿기름

꽃은 잎보다 먼저 피며 매우 작은 노란색으로 둥글게 모여 핀다. 봄소식을 가장 먼저 전하며 꽃피는 산나무다. 잎과 줄기에서 생강 냄새가 나서 생강나무라고 부른다. 동백이 자라지 않는 북쪽 지방에서 생강나무 열매로 기름을 짜서 동백기름 대신 썼다고 해서 개동백나무라고도 한다.

모양이 비슷한 산수유 꽃과 비교해 보자. 잎이 났으면 잎을 비벼 냄새를 맡아 보고 어떤 냄새인지 맞춰 보자.

조팝나무

Spiraea prunifolia for. *simpliciflora* Nakai

장미과 | **꽃** 4~5월 | **열매** 8~9월 | **높이** 1.5~2m | **종류** 갈잎떨기나무 | **쓰임** 뿌리 · 줄기 – 말라리아, 구토약

잔잔하고 하얀 꽃이 모여서 피는데, 가지 전체가 꽃방망이처럼 보이며 모든 가지들은 겨울에 함박눈을 맞은 것 같은 인상을 준다. 꽃이 핀 모양이 마치 좁쌀을 튀겨서 붙여 놓은 것 같아서 조팝나무라고 불린다. 이팝나무가 쌀밥을 닮아서 붙은 이름과 같은 식이다. 지역에 따라 싸리나무로 잘못 불리기도 한다. 어린순은 나물로 먹는다.

꽃향기를 맡아 보고 꽃 모양을 관찰해 보자.

명주실이끼

Pterigynandrum longifolium Schleich. ex Brid.

명주실이끼과 | **서식처** 나무 | **번식기** 3월

누런빛을 띤 녹색이다. 활엽수 나무의 밑동이나 흙 또는 바위 위에 가늘고 길게 뻗어 나간다. 땅속줄기가 있는 것도 있다. 잎이 마르면 곱실하게 꼬이는 곱슬명주실이끼도 있다.

잎이 비틀어져 있는 곱슬명주실이끼도 찾아보자.

솔이끼

Polytricum commune Hedw.

솔이끼과 | **서식처** 흙 | **번식기** 4월

가장 흔하게 볼 수 있는 이끼이다. 집 주변에서부터 높은 산까지 반 그늘진 흙에 모여서 산다. 겉은 녹색이고 물과 양분을 온몸으로 흡수한다. 암그루의 홀씨가 익으면 쓰고 있던 고깔과 뚜껑을 벗어 버리고, 홀씨를 밖으로 날려 보낸다. 이 홀씨들은 다시 새로운 곳에서 싹을 틔우게 된다. 생긴 모습이 소나무 줄기에 날카로운 솔잎이 달린 모양이라 솔이끼라고 한다.

체험 노트 소나무 줄기에 날카로운 솔잎이 달린 모습을 하고 있는 솔이끼를 찾아보자.

곱슬이끼

Ptychomitrium fauriei

고깔바위이끼과 | **서식처** 바위 | **번식기** 5월

잎은 침 모양으로 뾰족하고 마르면 심하게 꼬인다. 물가의 바위나 건조한 바위 등에 둥글게 모여 산다. 색깔은 건조한 봄이나 겨울에는 끝이 갈색을 띤 초록색이다. 비가 오면 녹색이 된다.

마른 바위나 흙 위에서 라면처럼 꼬불거리는 곱슬이끼를 찾아보자.

북방산개구리

Rana dybowskii

크기 50~90mm | **출현시기** 2~4월 | **월평공원** 습지, 미나리꽝, 계곡 | **먹이** 거미류, 곤충류, 다지류 | **울음소리** '호르르릉', '호르르릉'

등의 색깔은 황토색, 검은 갈색, 붉은 갈색 등으로 다양하다. 배의 색깔은 암컷은 노란색 바탕에 머리 쪽은 붉은색을 띠며, 수컷은 흰색이다. 등에는 검은 무늬가 불규칙하게 있고 다리에는 횡으로 검은 줄무늬가 규칙적으로 있다. 계곡의 돌 밑에서 겨울잠을 자고, 이른 봄에 깨어나 습지나 물이 고인 논에 모여 울고 짝짓기를 한다. 한 개체가 약 800~2,000여 개의 알을 낳으며, 짝짓기가 끝난 후에는 주변의 산으로 이동하여 생활한다. 알에서 깨어난 올챙이는 약 60~80일 후에 어린 개구리가 되어 땅으로 이동한다.

울음소리를 녹음하여 관찰해 보고 따라 해 보자.

한국산개구리

Rana coreana

크기 35~50mm | **출현시기** 2~5월 | **월평공원** 산 밑 습지, 물웅덩이, 계곡 | **먹이** 개미, 거미, 지렁이 | **울음소리** '다다다닥', '다다다닥'

등은 황갈색이다. 눈 뒤쪽에 고막과 연결되는 검은 무늬가 있다. 머리의 앞에서 목까지 윗입술에는 흰색이나 노란색의 줄이 있다. 배는 흰색이다. 계곡이나 하천의 물속에서 겨울잠을 자며 이른 봄에 깨어나 물이 고인 논이나 습지에 모여 수컷이 울음소리를 내며, 짝짓기를 한다. 짝짓기를 마친 개체는 주변의 야산이나 풀밭으로 이동하여 생활한다. 알의 수는 약 400~800개이며 북방산개구리와 같은 산란지를 이용하기도 한다. 산개구리의 알에 비하여 덩어리가 작다. 올챙이는 4월 말에서 5월에 어린 개구리가 되어 주변의 산이나 풀밭으로 이동을 한다.

윗입술이 무슨 색인지 관찰해 보자.

두꺼비

Bufo gargarizans

크기 80~160mm | **출현시기** 3~4월 | **월평공원** 야산 밑, 물이 고인 습지 | **먹이** 거미류, 곤충류, 다지류, 애벌레 | **울음소리** '퐁퐁퐁', '퐁퐁퐁'

등의 색깔은 회색, 갈색, 황토색 등 다양하다. 피부에 오톨도톨한 돌기가 있다. 다리에도 검은색과 회색의 무늬가 있다. 배는 옅은 노란색에 검은 점이 있다. 수컷에 비하여 암컷이 크다. 땅속에서 겨울잠을 잔 후에는 깨어나서 바로 야산 밑의 물이 고인 웅덩이나 민가 주변의 저수지에 모여든다. 울음소리를 내면서 짝짓기를 한 후에는 염주처럼 긴 알을 낳는다. 긴 알주머니는 물풀이나 물속의 나무에 감는다. 암컷 한 마리에 수컷이 여러 마리가 붙어 있기도 한다. 올챙이는 검은색이며 무리를 지어 이동한다. 50~60일 후에 어린 두꺼비가 되어 땅으로 이동한다.

암컷과 수컷이 어떻게 다른지 앞다리의 발가락을 비교해 보자.

도롱뇽
Hynobius leechii

크기 80~130mm | **출현시기** 2~4월 | **월평공원** 산 밑 습지, 물웅덩이, 계곡 | **먹이** 작은 거미류, 곤충류

등은 옅은 노란색, 갈색, 회색, 검은색 등 다양하다. 흰 점이 많은 개체도 있다. 땅속, 바위 밑, 그루터기 아래에서 겨울잠을 자고 이른 봄에 깨어난 개체들은 바로 산란지로 모여든다. 산 밑의 물이 고인 논, 계곡의 물 흐름이 약한 곳, 계곡의 돌 아래, 계곡의 흙 속에 둥글고 투명한 튜브 모양의 알주머니를 2개 낳는다. 한 개체의 알 개수는 약 30~100개 정도이며 물풀이나 돌에 알을 붙인다. 유생은 앞다리가 먼저 나온 후 뒷다리가 나오며 60~80일 정도가 지나면 땅 위로 올라간다.

꼬리를 자세히 관찰해 보고 암수 구별법을 알아보자.

청개구리

Hyla japonica

크기 35~50mm | **출현시기** 4~8월 | **월평공원** 하천 주변, 습지 주변 | **먹이** 작은 곤충류, 거미류 | **울음소리** '괙괙괙', '깩깩깩'

등 면은 녹색이며 겨울잠을 잘 때는 갈색 바탕에 검은 무늬가 있다. 배는 흰색이다. 수컷의 목 아래는 짙은 갈색을 띠며 주름이 늘어져 있다. 다리에는 둥근 빨판이 있어 나무에 잘 올라간다. 못자리를 시작하는 4월경에 겨울잠에서 깨어나서 물이 고인 논이나 웅덩이에 모여서 수컷이 크게 운다. 짝짓기를 한 상태에서 한 번에 20~30여 개의 알을 여러 차례에 걸쳐 낳는다. 알을 낳은 후 풀밭이나 야산의 나무에서 생활을 한다. 올챙이는 뒷다리가 나온 후에 앞다리가 나오며 배는 노란색을 띤다.

체험 노트 청개구리가 나무나 풀 위에 잘 올라가는 까닭을 이야기해 보자.

참개구리

Rana nigromaculatus

크기 60~90mm | **출현시기** 4~6월 | **월평공원** 물웅덩이, 미나리꽝 | **먹이** 곤충류, 다지류, 거미류 | **울음소리** '꾸르르륵', '꾸르륵'

등 면은 갈색 바탕에 검은 무늬가 있는 것, 흑갈색 형, 청색을 띠는 형 등 다양하다. 등에는 가운데와 가장자리에 머리부터 항문 쪽으로 3개의 줄이 있다. 다리에는 검은 줄무늬가 있다. 논과 밭 주변의 땅속에서 겨울잠을 잔다. 4월이 되면 겨울잠에서 깨어나 물이 고인 논이나 습지, 저수지 등에 알을 낳으며 알은 물 위에 뜬다. 알은 3,000~5,000여 개를 낳으며 알에서 깨어난 올챙이는 7~9월에 어린 개구리가 되어 땅 위로 올라간다.

고막 아래에 있는 울음주머니를 관찰해 보고 참개구리가 우는 소리를 직접 내 보자.

옴개구리

Rana rugosa

크기 40~60mm | **출현시기** 5~8월 | **월평공원** 갑천변, 계곡, 습지 | **먹이** 작은 지렁이, 곤충류, 다지류 | **울음소리** '따르르르 꼬옥 꾹', '꾸우우웃'

등 면은 흑갈색과 밝은 갈색을 띠는 개체가 많다. 배는 노란색 바탕에 작은 검은 점이 있다. 등 쪽에는 작은 돌기가 나 있다. 하천 주변이나 저수지 주변을 좋아하며 5월에서 8월 사이에 저수지나 물의 흐름이 약한 곳에 모여 짝짓기를 하고 알을 낳는다. 알은 물속의 수초나 나뭇가지에 부착하며 700~2,500여 개를 낳는다. 올챙이는 밝은 회색이며 일찍 알을 낳은 개체는 탈바꿈하여 땅으로 올라가지만, 늦게 낳은 알은 올챙이 상태로 겨울을 지나기도 한다.

체험노트 옴개구리의 소리가 몇 가지로 들리는지 녹음을 해 보고 들어 보자.

밀잠자리

Orthetrum albistylum

잠자리과 | **크기** 배 32~40mm, 뒷날개 40~43mm | **출현시기** 4~10월 | **월평공원** 갑천변, 습지 | **먹이** 애벌레(수생생물), 어른벌레(곤충류)

수컷의 몸은 회색과 청색이 섞여 있으며, 암컷은 짙은 황색 바탕에 검은색 무늬가 섞여 있다. 연못이나 하천변에서 살며 된장잠자리와 함께 우리나라에서 가장 쉽게 볼 수 있는 잠자리 종류이다. 암컷은 짝짓기 후 수생식물이 많은 습지나 물웅덩이에서 배 끝을 수면에 쳐서 알을 낳는다.

수컷과 암컷의 배 앞쪽의 색을 유심히 살펴본 후 밀잠자리의 다른 이름을 유추해 보자. 수컷의 배 앞쪽은 흰색이라 '쌀잠자리'라고 불렸고, 암컷은 황갈색이라 '보리잠자리'라고 불렸다.

남색초원하늘소

Agapanthia amurensis

하늘소과 | **크기** 11~17mm | **출현시기** 5~7월 | **월평공원** 갑천변 | **먹이** 개망초 같은 국화과 식물의 잎과 줄기

몸은 광택이 나는 남색이며 더듬이가 재미있게 생긴 하늘소다. 긴 더듬이의 서너 마디에는 검은 털 뭉치가 있으며 몸에도 잔털이 많다. 남색이며 풀밭에서 흔히 보이는 하늘소라 '남색초원하늘소'라는 이름이 붙었다. 개망초의 줄기에서 쉽게 관찰할 수 있다.

체험노트 남색초원하늘소의 생김새와 사는 곳을 생각해 보자. 이름이 쉽게 떠오른다.

남생이무당벌레

Aiolocaria hexaspilota

무당벌레과 | **크기** 9~11mm | **출현시기** 4~7월 | **월평공원** 갑천변 | **먹이** 잎벌레의 애벌레

우리나라에서 가장 큰 무당벌레다. 새순이 올라오기 시작하는 4월에 버드나무 줄기에서 짝짓기 하는 모습을 볼 수 있으며 20개의 긴 주황색 알을 낳아 붙인다. 딱지날개의 무늬가 '남생이 갑(甲)'자를 닮았다고 해서 이름 붙여졌다. 어른벌레는 잎벌레의 애벌레를 잡아먹는다.

나뭇잎에 앉아서 쉬고 있는 녀석을 잡아 보자. 적으로 알고 독한 오렌지색 방어 물질을 내뿜을 것이다.

사시나무잎벌레

Chrysomela populi

잎벌레과 | **크기** 10~12mm | **출현시기** 4~6월 | **월평공원** 갑천변 | **먹이** 사시나무, 황철나무, 버드나무

머리와 가슴은 검은색으로 광택이 나고, 딱지날개는 짙은 붉은색을 띤다. 모양은 다른 잎벌레류에 비해 대체적으로 넓고 둥글다. 사시나무의 잎을 먹고 산다고 하여 이름 붙여졌으며 만지면 옆구리에서 고약한 냄새가 나는 방어물질을 내뿜는다. 버들잎벌레보다 이른 봄에 나타나고 번데기는 버들잎벌레와 같이 잎 뒷면에 거꾸로 매달려 있다.

사시나무잎벌레를 만져 보자. 우윳빛 액체가 나오면 우리를 천적으로 알고 있는 것이다.

참길앞잡이

Cicindela transbaicalica

딱정벌레과 | **크기** 10~13mm | **출현시기** 5~8월 | **월평공원** 갑천변의 모래밭 | **먹이** 개미류나 땅 위를 기어 다니는 곤충류

몸은 전체적으로 청동색을 띠고 날개딱지에 3개의 구불구불한 황색선이 그어져 있다. 애벌레는 모래밭 속에 30~60cm 깊이의 굴을 파서 주위를 맴도는 곤충을 잡아먹고 사는 사냥의 명수이다. 사람보다 먼저 튀어가 길을 안내한다고 하여 '길앞잡이'라고 이름 붙여졌다. 북한에서는 마치 망아지가 껑충껑충 뛰는 듯한 느낌을 준다 하여 '길당나귀'란 이름으로 불린다.

길앞잡이과는 상당히 강한 턱을 가지고 있어, 한번 문 사냥감은 절대 놓치는 일이 없다. 조심히 잡아 강한 턱을 관찰해 보자.

호랑꽃무지

Trichius succinctus

꽃무지과 | **크기** 9~12mm | **출현시기** 5~8월 | **월평공원** 숲의 양지바른 곳에 사는 꽃 | **먹이** 땅 속 식물성 물질(애벌레), 꽃의 화분이나 꿀(어른벌레)

몸이 검은색이고 노란색 털이 촘촘히 박혀 있다. 호랑이 무늬와 닮고 꽃에 묻혀 지내서 '호랑꽃무지'란 이름이 지어졌다. 언뜻 벌 모양과 비슷한데 실제로 적이 나타나면 침을 가진 벌 모습을 흉내 냄으로써 천적의 공격을 피한다. 보통 짝짓기 철인 6월에 엉겅퀴 꽃에서 가장 많이 관찰되며 애벌레는 죽은 나무의 속을 파먹고 자란다.

호랑꽃무지처럼 의태(약한 동물이 다른 동물의 모습을 흉내 냄으로써 천적으로부터 자신을 보호하는 것)를 하는 곤충을 찾아보자.

멧팔랑나비

Erynnis montanus

팔랑나비과 | **크기** 날개 편 길이 36~42mm | **출현시기** 3~5월 | **월평공원** 숲의 양지바른 곳 | **먹이** 상수리나무, 떡갈나무

앞날개의 윗면은 붉은 갈색 바탕이고 테두리에 회색의 물결무늬가 있으며 뒷날개는 짙은 흑갈색에 노란점무늬가 테두리에 많다. 이른 봄, 아직 추울 때 낙엽이 수북이 쌓인 곳을 날아다닌다. 날개를 쫙 펴고 앉아 나방으로 착각하기도 한다. 숲에서 살아 이름에 산의 옛말인 '메'자가 붙었으며, 다른 나비에 비해 생김새나 행동이 무척 까분다고 하여 팔랑나비라고 지어졌다.

나방과 나비의 차이점은 어떤 것이 있을까?

호랑나비

Papilio xuthus

호랑나비과 | **크기** 날개 편 길이 65~120mm | **출현시기** 4~9월 | **월평공원** 숲, 갑천변 | **먹이** 산초나무, 탱자나무

나비류 중 큰 편에 속하며 봄보다 여름에 크기가 더 커진다. 암컷과 수컷의 모양이 똑같기 때문에 수컷은 냄새로 암컷을 찾는다. 수컷은 우아한 날갯짓을 하며 암컷에게 사랑을 노래하고, 짝짓기를 끝낸 암컷은 산초나무, 탱자나무 등에 알을 낳는다. 날개의 검은 무늬와 노랑 무늬가 호랑이와 닮았다고 하여 이름 붙여졌으며 범나비라고도 한다.

애벌레의 먹이인 산초나무나 탱자나무 등의 잎에서 어린 애벌레가 정말 새똥을 닮았는지 확인해 보자. 그리고 큰 애벌레를 만져 보자. 머리 부위에서 노란색의 냄새가 나는 뿔(취각)이 나타난다.

뿔나비

Libythea celtis

네발나비과 | **크기** 40~50mm | **출현시기** 3~10월 | **월평공원** 전체 | **먹이** 팽나무 | **겨울잠** 어른벌레

날개의 윗면은 짙은 황색으로 오렌지색의 큰 무늬가 있으며 아랫면은 짙은 갈색이다. 날개 끝이 무엇에 뜯긴 것처럼 울퉁불퉁하다. 날개를 접으면 낙엽의 색과 비슷한 보호색을 띤다. 더운 여름에는 여름잠을 자고 가을에 다시 나타난다. 주둥이가 뾰족하게 튀어나와 마치 뿔처럼 보인다고 하여 이름 붙여졌다. 최근에 대발생하여 산의 크고 작은 팽나무가 수난을 겪고 있다.

뿔나비의 주둥이를 보고 이름을 유추해 보자.

가재

Cambaroides similis

가재과 | **크기** 50mm 내외 | **출현시기** 1년 내내 | **월평공원** 계곡 | **생활방식** 물속 생활

머리가슴은 약간 납작한 원기둥 모양으로 배도 납작하다. 또한 등은 매끈하지만 양쪽 옆면에는 작은 알갱이 모양의 돌기가 빽빽하다. 몸 색깔은 적갈색 또는 밝은 갈색이고, 2개의 집게를 갖는데 왼쪽 집게가 훨씬 억세고 크다. 알에서 부화한 새끼는 암컷의 배에 안겨 보호 받는다. 냉수성으로 1급수의 오염되지 않은 냇물에서만 사는 환경지표종이며, 국외반출승인종으로 환경부에서 지정 및 관리하고 있다.

가재는 양쪽 집게의 크기가 다른데, 왜 그런 것인지 생각해 보자.

물자라

Appasus japonicus

물장군과 | **크기** 17~20mm | **출현시기** 3~10월 | **월평공원** 습지, 수변부 | **생활방식** 물속 생활

몸은 밝은 갈색이고 타원형 모양이며, 앞다리는 낫 모양이고 한 쌍의 발톱이 있다. 작은 물고기나 올챙이의 몸에 날카로운 입을 찔러 넣어 체액을 빨아 먹는다. 강한 부성애를 가지며, 암컷이 수컷의 등에 알을 낳으면 수컷은 햇볕도 쬐어 주고 신선한 공기도 공급하며 알이 부화할 때까지 보살핀다.

5월초부터 갑천의 습지나 하천 수변부서 등에 알을 진 물자라를 관찰해 보자.

장구애비

Laccotrephes japonensis

장구애비과 | **크기** 35~40mm | **출현시기** 1년 내내 | **월평공원** 습지, 수변부 | **생활방식** 물속 생활

몸은 갈색이고 납작하며 좁고 길다. 배 끝에는 한 쌍의 긴 호흡관이 있다. 낫처럼 생긴 앞다리로 물고기와 올챙이 등을 사냥해 체액을 빨아 먹는다. 앞다리로 물 위에서 덤벙거리는 모습이 마치 흥이 난 사람이 장구를 치는 것과 비슷하다고 하여 이름 붙여졌다. 또한 전갈과 함께 무시무시한 힘을 가졌다고 하여 '물속의 전갈'이라고도 불린다. 식생이 풍부한 수변부를 선호하며, 수생식물에 붙어서 먹이를 기다리거나 기어 다닌다. 또한 긴 호흡관을 수면 밖으로 내밀어 호흡한다.

장구애비는 메추리장구애비와 한 식구이지만 숨관의 길이가 다르다. 누가 더 숨관이 긴지 확인해 보자.

플라나리아

Dugesia japonica

플라나리아과 | **크기** 10mm | **출현시기** 1년 내내 | **월평공원** 계곡, 하천 | **생활방식** 물속 생활

몸은 좌우대칭이고, 길쭉한 리본형으로 갈색 및 어두운 갈색이나 서식 환경에 따라 다양하게 변한다. 또한 머리에는 눈(안점)이 한 쌍 있고, 살아 있는 개체에 머리는 화살촉 모양이지만, 표본으로 관찰할 때는 둥글게 보인다. 살아 있거나 죽은 동물의 조직과 유기물을 먹는다. 여울이 발달된 유수역에 서식하며, 몸의 신축성을 이용해 돌 표면에 붙어 이동한다.

플라나리아의 이동을 관찰하여, 화살촉 모양의 머리와 눈(안점)을 확인해 보자.

꿩

Phasianus colchicus

꿩과 | **구분** 텃새 | **번식기** 4~6월 | **월평공원** 야산과 수풀 사이 | **울음소리** '꿩, 꿩'

수컷을 장끼라고 부르며, 얼굴 부위에 붉은색 피부가 보이며, 번식기에 크기가 더 커진다. 목에 흰 띠가 목 뒤쪽까지 연결되며 꼬리가 길고 발에는 며느리발톱이 있다. 암컷을 까투리라고 부르며, 몸이 전체적으로 황갈색을 띠며 꼬리가 수컷보다 짧다. 먹이는 씨앗이나 새싹, 동물성을 고루 먹는 잡식성이다.

쇠딱따구리

Dendrocopos kizuki

딱따구리과 | **구분** 텃새 | **번식기** 5~6월 | **월평공원** 낙엽활엽수림 | **울음소리** '치르르릇'

딱따구리 중에서 가장 작으며 머리와 날개가 갈색이다. 등에는 흰색 가로줄 무늬가 있으며, 수컷은 머리에 붉은 점이 있다. 곤충이나 식물의 열매를 먹고, 단단한 부리로 나무를 뚫어 집을 만든다. 번식기에는 박새들과 같이 지낸다.

물가의 버드나무 고목이나 썩은 나무에 집을 짓는 딱따구리의 드러밍소리(연타음)를 들어 보자.

박새

Parus major

박새과 | **구분** 텃새 | **번식기** 4~7월 | **월평공원** 갑천변, 공원 주변 | **울음소리** '찌쭈, 쯔르르르'

작고 활동적이며 대표적인 산새이다. 머리꼭대기와 목은 검은색, 뺨은 흰색이다. 배 가운데에 검은색 세로줄이 있는데, 수컷은 암컷보다 더 굵다. 인공 새 상자를 좋아해서 집의 크기만 괜찮으면 어디서든 둥지를 튼다. 작은 곤충과 애벌레, 이른 봄에는 새싹을 먹는다.

박새와 쇠박새, 진박새를 구분해 보자. 박새는 배 가운데 검은 세로줄이 있고, 쇠박새는 세로줄이 없다. 진박새는 박새 중 가장 작은 새로 머리꼭대기에 작은 댕기가 있다.

곤줄박이

Parus varius

박새과 | **구분** 텃새 | **번식기** 4~7월 | **월평공원** 월평공원과 갑천 사이의 수풀 | **울음소리** '쓰쓰 삐이, 쓰쓰 삐이'

머리 꼭대기와 턱은 검은색이고 날개는 회색이다. 등과 배는 주황색이며 몸 크기는 손바닥만 하다. 우리나라 텃새로 특히 곤충의 애벌레를 먹는데, 먹이를 잘 숨겨 둔다. 이른 봄 새싹을 먹기도 한다.

곤줄박이가 사는 집을 살펴보자. 나무 구멍이나 건물 틈, 인공 새집 등에서 산다.

딱새

Phoenicurus auroreus

솔딱새과 | **구분** 텃새 | **번식기** 봄 | **월평공원** 집 주위, 갑천변 | **울음소리** '휫, 휫'

얼굴과 날개는 검은색을 띠고 가슴과 배는 주황색을 띤다. 날개 양쪽에 흰 반점이 있다. 우리나라 어디서나 볼 수 있는 텃새이고 작은 곤충과 애벌레, 이른 봄에 새싹을 먹는다. 지저귈 때 머리와 꼬리를 까딱까딱한다.

딱새의 암컷과 수컷을 구분해 보자. 수컷과는 달리 암컷은 얼굴과 날개가 연한 갈색이다.

노랑턱멧새

Emberiza elegans

멧새과 | **구분** 텃새 | **번식기** 4~7월 | **월평공원** 공원 주변 수풀 | **울음소리** '치짓, 치짓', '주–이, 주–이'

몸 크기는 손바닥만 하며, 배는 흰색이고, 등은 갈색과 검은색이다. 먹이는 주로 곤충이나 식물의 씨앗을 먹는다. 턱이 노란색이라 '노랑턱'이라고 이름 붙여졌다.

암컷과 수컷을 구분해 보자. 수컷의 가슴에는 검은색 삼각형이 있지만 암컷에게는 없다.

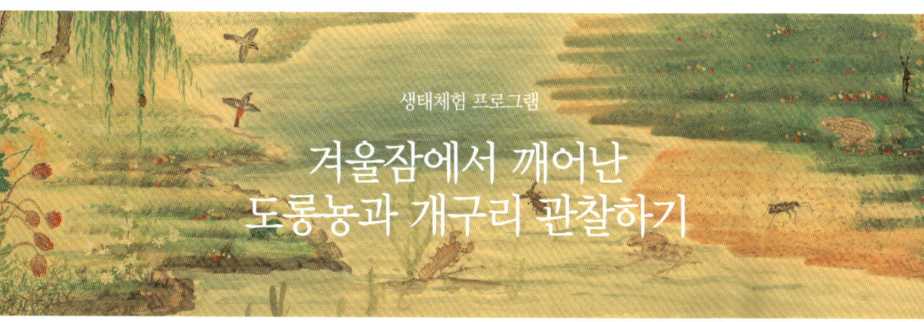

생태체험 프로그램

겨울잠에서 깨어난 도롱뇽과 개구리 관찰하기

1. 도롱뇽 관찰하기

주제 도롱뇽의 알과 성체를 관찰한다.

유의점 우리나라에 서식하는 도롱뇽의 종류와 생태를 미리 알아본다. 물에 깊이 들어가지 않도록 한다.

준비물 도감, 필기구, 수조, 채집망, 사진기, 장갑

시기 3~5월

장소 월평공원 초입의 물웅덩이, 미나리꽝, 갑천 습지

1 도롱뇽의 알 관찰

2 도롱뇽 유생 관찰

3 도롱뇽이 산란하는 서식지 관찰

4 도롱뇽의 생활사 알기

알 → 부화 → 앞다리 → 뒷다리 → 유생

도롱뇽 암수 / 알 / 발생 / 유생 / 아성체 / 성체

2. 개구리 관찰하기

주제 개구리의 알과 성체를 관찰한다.

유의점 우리나라에 서식하는 개구리의 종류와 생태를 미리 알아본다. 물에 깊이 들어가지 않도록 한다.

준비물 도감, 필기구, 수조, 채집망, 사진기, 장갑

시기 3~5월

장소 월평공원 초입의 물웅덩이, 미나리꽝, 갑천 습지

짝짓기 / 알 / 올챙이 / 뒷다리 발생 / 어린 개구리 / 아성체

생태체험 프로그램

봄 들판에서 보물찾기

1. 땅바닥 탐험

땅바닥에서 벌어지고 있는 작은 세계를 탐험합니다. 꿈틀꿈틀 애벌레와 무지갯빛 물방울이 맺힌 풀잎, 봄 햇살에 깨어난 아주 작은 꽃들, 8개의 눈을 가진 거미들로 가득 찬 불가사의한 세계를 볼 수 있습니다.

준비물 실 1~2m, 돋보기

장소 월평공원 어디서나

① 탐험자는 땅바닥 체험하기에 재미있어 보이는 곳을 찾습니다.

② 1~2m 길이의 실을 탐험할 땅에 놓고 배를 깔고 엎드립니다.

③ 아주 조금씩 움직여 가며 땅바닥에 있는 것들을 돋보기로 관찰합니다.

④ 어떤 것들이 보였는지 노트에 적어 친구들과 이야기해 봅니다.

2. 보물찾기

월평공원에서 볼 수 있는 갖가지 보물들을 찾아봅니다. 봄에 나타나는 것이라면 가장 좋고, 지난 계절을 느낄 수 있는 것도 좋습니다. 보물을 찾아봄으로써 자연물의 소중함을 느낄 수 있습니다.

준비물 보물을 담을 주머니

장소 월평공원 어디서나

① 한 사람씩 선생님이 정해 준 목록을 가지고 보물을 찾아옵니다.

② 자신이 찾아온 보물을 펼쳐 놓고 선생님과 같이 이야기합니다.

③ 봄에만 볼 수 있는 자연물을 찾아보고 사계절 동안 어떤 변화를 겪을지 이야기해 봅니다.

④ 보물을 찾고 난 느낌이 어땠는지 서로 이야기해 봅니다.

보물 목록 예시

냄새나는 나뭇잎 한 장

사람의 신체와 닮은 나뭇잎 한 장

나무 가시 1개

노란색 꽃잎 한 장

새의 깃털

생물이 먹은 흔적이 남은 것

곤충의 애벌레

알껍데기

무언가 움직이는 것

숲에서 가장 큰 역할을 하는 것

여러분의 웃는 얼굴

2장

여름

여름에 만나는 야생 동식물

생태체험 프로그램

월평공원과 갑천의 여름,

지금 만나러 가 볼까요?

월평공원의 여름은 아주 다양한 색과 소리들이 넘친답니다.

먼저 우리를 반갑게 맞아 주는 건 강아지 꼬리를 닮은 '강아지풀'이에요. 하늘하늘 부는 바람에 부드럽게 몸을 흔들고 있지요. 노란색의 화려한 원추리도 활짝 피어 있고, 하얀색 개망초도 "어서 와" 하고 인사를 한답니다.

갈대숲을 지나다 보면 "개개개, 삐삐삐" 하며 우는 개개비의 울음소리를 들을 수 있어요. 갑천변에 앉아 있는 검은댕기해오라기도 먹이를 먹느라 분주하답니다. 물가에는 얇은 줄기가 엉켜 있는 사위질빵과 양손에 가시가 있는 환삼덩굴이 우리의 옷을 잡을지 모르니 조심해야 해요.

시원한 물속에 발을 담그면 납자루와 피라미가 떼 지어 다니고, 모래 속에 파묻혀 눈만 껌뻑거리는 모래무지를 만날 수 있어요. 촘촘한 그물로 물을 휘저어 보면 천연기념물인 미호종개도 갑천에서 발견할 수 있답니다.

얕은 물속에 손을 담그고 한 줌의 모래를 잡아 올려 보세요. 수염치레날도래나, 진강도래 등 신기하게 생긴 물속 곤충들이 손안에서 꿈틀거릴 거예요. 물속에 있는 바위 위를 보면 아주 작게 모여 있는 풀이 보이지요? 바로 물가이끼랍니다.

참나무와 가죽나무, 개옻나무가 있는 시원한 숲으로 들어가요. 별박이세줄나비와 큰주홍부전나비, 작은주홍부전나비들이 화려한 날갯짓을 하며 따라오라고 손짓합니다. 밤에만 나타나 나무의 수액을 빨아 먹는 넓적사슴벌레들도 "출출한데, 언제 밤이 되려나?" 하며 슬그머니 나와 눈치를 살피지요. 자주색의 칡꽃, 오이 냄새가 나는 오이풀 등 다양한 꽃 친구들도 있답니다.

월평공원의 여름밤을 장식하는 것은 바로 개구리! 무당개구리와 황소개구리 들이 짝을 찾느라 요란하게 울어 낸답니다. 특히 장마 후에는 천연기념물로 보호 받고 있는 맹꽁이도 월평공원의 물웅덩이에서 멋진 짝을 찾기 위해 "맹", "꽁" 하고 운답니다.

월평공원과 갑천의 여름, 지금 만나러 가 볼까요?

「월평공원과 갑천의 여름 풍경」 백상구

여름에 만나는 야생 동식물

식물류

선태류

양서파충류

육상곤충류

수서곤충류

어류

조류

강아지풀

Setaria viridis (L.) Beauv.

벼과 | **꽃** 6~7월 | **열매** 8~9월 | **높이** 20~70cm | **종류** 한해살이풀 | **쓰임** 뿌리 – 구충제

강아지풀은 종류에 따라 모양과 까끄라기(털) 색이 다른데 강아지풀은 이삭이 휘어졌고 까끄라기가 연두색이다. 금강아지풀은 이삭이 곧고 까끄라기가 붉은 금색이고 짧다. 수강아지풀은 이삭이 크고 휘어져 있고 까끄라기가 자주색이다. 이삭 모양이 개꼬리를 닮았다 하여 개꼬리풀이라고도 한다.

강아지풀의 까끄라기를 관찰해 어떤 종류인지 알아본다. 강아지풀로 풀강아지를 만들어 놀아 보자. "송충이다!" 하며 친구 목덜미를 간질이는 놀이도 재밌다.

닭의장풀

Commelina communis L.

닭의장풀과 | **꽃** 7~8월 | **열매** 9~10월 | **높이** 15~50cm | **종류** 한해살이풀 | **쓰임** 어린순 – 나물

꽃잎은 여섯 장으로 두 장은 크고 푸른색이며 나머지 네 장은 작고 백색이다. 파란색 꽃이 가장 일반적이지만 연보라색이나 하늘색도 있다. 옆에서 보면 꼭 벼슬을 단 닭처럼 생겼다 하여 닭의장풀이라고 한다.

닭의장풀을 머리 위에 올려놓고 닭 울음소리를 흉내 내어 보자.

원추리

Hemerocallis fulva L.

백합과 | **꽃** 7~8월 | **열매** 8~9월 | **높이** 50~70cm | **종류** 여러해살이풀 | **쓰임** 어린순 – 나물 / 뿌리 – 염증, 지혈

주황색과 노란색의 수수한 꽃이 짙푸른 여름 수풀에 아름다움을 더한다. 나리꽃은 줄기에서 잎이 갈라져 나지만, 원추리는 뿌리에서 잎이 몰려 난다. 중국에서는 원추리가 근심을 잊게 만든다고 해서 '망우초'라고 부른다.

원추리의 꽃은 세 장의 꽃잎과 세 장의 꽃받침으로 이루어졌다. 어느 부분이 꽃잎이고 어느 부분이 꽃받침인지 관찰해 보자.

둥굴레

Polygonatum odoratum var. *pluriflorum* Ohwi

백합과 | **꽃** 5~7월 | **열매** 9~10월 | **높이** 30~60cm | **종류** 여러해살이풀 | **쓰임** 뿌리 – 차, 엿, 당뇨와 심장약

꽃은 길쭉한 종 모양이며 잎겨드랑이에서 한두 송이씩 핀다. 잎은 타원형으로 한쪽으로 치우쳐서 어긋난다. 꽃의 끝부분이 녹색을 띤다. 가을에 검은 콩 같은 둥근 열매가 열린다. 땅속줄기는 대나무처럼 옆으로 뻗으며 자란다.

둥굴레 꽃과 은방울 꽃을 비교하고 차이를 발견해 보자.

환삼덩굴

Humulus japonicus S. et Z.

삼과 | **꽃** 7~9월 | **열매** 9~10월 | **높이** 1m | **종류** 한해살이풀 | **쓰임** 줄기 – 옷감 / 열매 · 줄기 – 이뇨제

잎은 손바닥 모양으로 가장자리가 5~7개로 갈라지며 양면에 거친 털이 있다. 줄기에 잔가시가 많이 나 있으며 이 가시를 이용하여 다른 물체에 잘 달라붙어 감으면서 올라간다. 꽃은 녹색으로 잎겨드랑이에서 핀다. 줄기의 껍질은 섬유로 이용한다.

줄기에 옷을 갖다 대 보자. 가시로 인해 옷에 잘 달라붙는다.

며느리배꼽

Persicaria perfoliata H. Gross

마디풀과 | **꽃** 7~9월 | **열매** 9~10월 | **높이** 2m 안팎 | **종류** 덩굴성 한해살이풀 | **쓰임** 잎 · 줄기 – 나물

잎은 삼각형으로 긴 잎자루가 잎의 배꼽 위치에 올라붙어 있다. 가을에는 푸른색과 보라색이 섞인 둥근 구슬 같은 열매가 턱잎 위에 포도송이처럼 모여 열린다. 줄기와 잎자루에 가시가 있다.

며느리배꼽과 며느리밑씻개를 비교해 보자. 잎 모양, 턱잎 모양, 꽃 달리는 모양이 다르다. 꽃 이름 가운데 며느리로 시작하는 꽃은 무엇이 있을까 생각해 보자.

여뀌

Persicaria hydropiper (L.) Spach

마디풀과 | **꽃** 7~8월 | **열매** 9월 | **높이** 40~100cm | **종류** 한해살이풀 | **쓰임** 생선요리, 지혈제

분홍빛을 띠는 연두색 꽃이 긴 꼬리처럼 늘어진다. 냇가나 습지에서 무리 지어 자란다. 잎은 길고 뾰족한 피침형이며 씹으면 매운맛이 난다. 버들여뀌, 매운여뀌라고도 한다. 잎과 줄기를 짓이겨서 물에 풀면 물고기가 많이 모여들어 마취시켜 잡는다.

매운맛이 나는지 잎을 조금 씹어 보자.

명아주

Chenopodium album var. *centrorubrum* Makino

명아주과 | **꽃** 7~8월 | **열매** 8~9월 | **높이** 1~1.5m | **종류** 한해살이풀 | **쓰임** 잎 – 나물 / 줄기 – 지팡이, 습진, 화상

연한 녹색의 자잘한 꽃이 가지 끝에 모여 피고 잎에 반짝이는 가루가 있다. 종류에 따라 잎 가운데가 붉은빛을 띠는 것도 있다. 열매는 꽃받침으로 싸여 있고 그 안에 검은 종자가 들어 있다. 명아주로 만든 지팡이를 청려장이라 하는데 가볍고 단단하여 많이 애용되었다.

명아주 잎의 가루를 햇볕에 반사시켜 각도에 따라 빛이 어떻게 변하는지 관찰해 보자.

가시박

Sicyos angulatus Linn.

박과 | **꽃** 6~9월 | **높이** 4~8m | **종류** 한두해살이 덩굴식물

산기슭이나 물가 혹은 습기가 있는 땅에서 자란다. 원산지가 북아메리카인 귀화식물이다. 꽃은 연녹색으로 피어나며 꽃줄기에 털이 많이 나 있다. 열매는 여러 개가 뭉쳐나며 털처럼 가느다란 가시로 덮여 있다. 가느다란 가시로 덮여 있다고 해서 가시박이라고 부른다.

가시박이 있는 곳에 다른 식물들이 있는지를 살펴보자. 가시박이 둘레를 덮어 햇빛을 독차지하기 때문에 다른 식물들이 광합성을 못 하고 고사하기도 한다.

미국자리공

Phytolacca americana L.

자리공과 | **꽃** 6~9월 | **열매** 8~10월 | **높이** 100~150cm | **종류** 여러해살이풀

자주색 줄기에 포도 같은 검보라색 열매가 맺힌다. 자리공은 꽃 끝이 들려 있고 미국자리공은 꽃 끝이 쳐져 있다. 줄기 색도 자리공은 초록색이고 미국자리공은 자주색이다. 미국자리공은 귀화식물이고 자리공은 토종이다.

붉게 익은 미국자리공 열매로 물을 들이거나 그림을 그려 보자.

오이풀

Sanguisorba officinalis L.

장미과 | **꽃** 6~9월 | **열매** 9~10월 | **높이** 1m 정도 | **종류** 여러해살이풀 | **쓰임** 뿌리 – 화상

꽃은 가지 끝마다 방망이 같은 모양으로 핀다. 검붉은 색의 꽃은 꽃잎이 없으며, 간혹 흰 꽃이 피는 '흰오이풀'도 있다. 잎은 잔잔한 톱니가 있는 달걀 모양이다. 잎을 비비면 오이 냄새가 나서 오이풀이라고 부른다.

체험 노트 잎을 비벼서 어떤 냄새가 나는지 맞춰 보자.

개모시풀

Boehmeria platanifolia Fr. et Sav.

쐐기풀과 | **꽃** 7~8월 | **열매** 10월 | **높이** 1m 정도 | **종류** 여러해살이풀 | **쓰임** 어린순 – 나물

줄기에 둔한 능선이 있으며 짧은 털이 빽빽하다. 마주나는 넓은 달걀형 잎은 잎자루가 길고 톱니 모양이 위로 갈수록 커져서 끝 쪽이 크게 세 갈래로 갈라진다.

모시풀은 줄기 껍질을 벗겨 모시를 짠다. 모시는 바람이 잘 통하고 땀을 잘 흡수하며 빛깔이 희어 여름철 옷감으로 애용된다.

달맞이꽃

Oenothera odorata Jacq.

바늘꽃과 | **꽃** 7~9월 | **열매** 8~10월 | **높이** 50~90cm | **종류** 두해살이풀 | **쓰임** 씨 – 당뇨, 고혈압 / 뿌리 – 해열

꽃은 노란색이고 다른 꽃과 달리 저녁에 피고 해가 뜨면 오므라든다. 가을에 싹이 나서 방석처럼 납작한 잎 모양으로 겨울을 나고 이듬해 봄에 줄기가 자라 올라온다. 다른 귀화식물처럼 길가나 빈터 등 척박한 땅에 잘 자란다. 달 밝은 밤 사랑하는 추장의 아들을 기다리다 죽은 인디언 처녀의 넋이 꽃으로 되었다고 한다.

체험 노트 저녁에 달을 맞아 피는 모습을 관찰해 보자.

박주가리

Metaplexis japonica (Thunb.) Makino

박주가리과 | **꽃** 7~8월 | **열매** 10월 | **높이** 3m | **종류** 덩굴성 여러해살이풀 | **쓰임** 해독제 / 씨의 털 – 도장밥, 바늘쌈지

잎이 하트 모양이다. 줄기나 잎을 자르면 하얀 즙이 나오고 쓴맛이 난다. 연보라색 꽃이 잎겨드랑이에서 모여 핀다. 열매가 익으면 씨방이 벌어지면서 백로 날개의 깃털 같은 하얀 솜털이 달린 씨가 나와 바람에 날린다. 한방에서는 '나마'라고 부른다.

잎을 잘라 흰 즙을 관찰해 보고 가을이나 이른 봄에는 씨앗을 관찰해 보자.

까마중

Solanum nigrum L.

가지과 | **꽃** 5~9월 | **열매** 7~10월 | **높이** 20~90cm | **종류** 한해살이풀 | **쓰임** 줄기 · 잎 – 상처 치료

고추 꽃과 비슷한 흰색 꽃이 핀다. 둥글고 까만 열매가 맺히는데 단맛이 난다. 까맣게 익은 열매가 머리를 박박 깎은 스님의 머리를 닮았다고 해서 까마중이라 한다. 까막사리라고도 부른다.

열매에서 어떤 맛이 나는지 먹어 보자.

개망초

Erigeron annuus (L.) Pers.

박주가리과 | **꽃** 7~9월 | **열매** 8~9월 | **높이** 50~100cm | **종류** 두해살이풀 | **쓰임** 어린잎 – 감기, 설사, 장염

우리나라에서 흔하게 볼 수 있는 귀화식물이다. 꽃 모양이 계란 프라이와 닮았다. 노란 통꽃 주위에 흰색의 혀꽃이 촘촘히 붙어 있다. 잎은 길쭉한 모양이며 톱니가 드문드문 있다. 개망초는 망초보다 일찍 자라서 꽃이 피는데 15일에서 한 달 정도 차이 난다. 길가나 빈터에서 흔히 자라며 번식력이 매우 강하다.

개망초가 겨울을 날 때는 체온을 많이 뺏기지 않기 위해 땅바닥에 주저앉은 모습으로 잎이 피어난다. 겨울, 땅바닥에 붙어 있는 개망초를 찾아보자.

엉겅퀴

Cirsium japonicum var. *ussuriense* Kitamura

국화과 | **꽃** 6~8월 | **열매** 8월 | **높이** 50~100cm | **종류** 여러해살이풀 | **쓰임** 잎 · 줄기 – 나물

진분홍색 꽃이 퍼진 붓 모양으로 아름답게 피고 전체에 가시가 있다. 옛날 스코틀랜드에 바이킹이 침입해 밤에 몰래 공격하려고 했는데 한 병사가 엉겅퀴 가시에 찔려 비명을 지르는 바람에 스코틀랜드 군사들은 깨어나 바이킹을 물리쳤다고 한다. 그래서 엉겅퀴는 스코틀랜드의 국화가 되었다. '엉거시'라고도 한다. 큰엉겅퀴, 고려엉겅퀴 등도 있다.

엉겅퀴의 씨를 관찰해 보자. 씨는 엉겅퀴의 하얀 깃털에 묻혀 날아가는데 마치 낙하산처럼 생겼다. 멀리 갈 때는 3km까지 날아간다고 한다.

수크령

Pennisetum alopecuroides (L.) *Spreng.*

벼과 | **꽃** 8~10월 | **높이** 30~50cm | **종류** 여러해살이풀 | **쓰임** 약

길갱이, 랑미초라고도 한다. 꽃이삭은 원기둥 모양이고 자주색이다. 잎은 편평하게 나고, 작은 이삭을 둘러싼 털의 색이 연한 것을 청수크령, 붉은빛이 도는 것을 붉은수크령이라 한다. 꽃 모양이 동물의 꼬리를 닮았고, 이삭 모양이 강아지풀과 비슷한데 훨씬 커서 말밥이라고도 불렀다.

강아지풀의 크기와 비교해 보자.

부들

Typha orientalis Presl

부들과 | **꽃** 6~7월 | **열매** 8~9월 | **높이** 100~150cm | **종류** 여러해살이풀 | **쓰임** 꽃꽂이 / 잎-방석

연못이나 습지에서 자란다. 잎이 부드러워 부들부들하다는 뜻에서 '부들'이라고 한다. 칼 모양의 잎이 높고 곧게 자란다. 꽃은 소시지처럼 생겼는데, 꼭대기에 수꽃이 먼저 피고 그 밑에 갈색의 암꽃이 달린다. 씨는 솜방망이처럼 부풀어서 바람을 타고 퍼진다.

소시지처럼 길쭉하게 피어 있는 꽃을 관찰해 보자. 소시지 모양의 암꽃 위에 수꽃이 바로 붙어 있는지 떨어져 있는지에 따라 부들과 애기부들을 구별할 수 있다.

참나리

Lilium lancifolium Thunb.

백합과 | **꽃** 7~8월 | **높이** 1~2m | **종류** 여러해살이풀 | **쓰임** 관상용

줄기는 흑자색이 돌고 짙은 흑자색 점이 있다. 뾰족한 잎은 어긋난다. 잎겨드랑이에 흑자색의 둥근 살눈이 생긴다. 살눈은 영양분을 저장한 곁눈의 하나로 씨처럼 땅에 떨어져 새로운 싹이 난다. 꽃은 황적색이고 겉에 흑자색 반점이 있다.

영어 이름이 'tiger lily'인 이유를 살펴보자.

사위질빵

Clematis apiifolia A. P. DC.

미나리아재비과 | **꽃** 7~9월 | **열매** 9~10월 | **높이** 2~3m | **종류** 갈잎덩굴나무 | **쓰임** 잎 · 줄기 – 기침약, 진통제

줄기는 연약하며 어린가지에 잔털이 있다. 긴 잎자루로 다른 물체를 감는다. 길고 뾰족한 흰 꽃이 촘촘히 모여난다. 질빵은 짐을 지는 데 쓰는 줄을 말한다. '사위질빵'이라는 이름에는 사위가 가늘고 약한 줄기로 질 만큼의 가벼운 짐만 지기를 바라는(사위가 고생하지 않기를 바라는) 장모의 마음이 들어 있다.

체험 노트 사위질빵의 줄기를 관찰해 보자. 짐 끈으로 쓸 만큼 튼튼한가?

국수나무

Stephanandra incisa Zabel

장미과 | **꽃** 5~6월 | **열매** 8~9월 | **높이** 1~2m | **종류** 갈잎떨기나무 | **쓰임** 꿀 – 벌치기

나무는 회갈색이며 주름이 크다. 길고 뾰족한 잎에는 큰 톱니가 나 있다. 습기 있는 골짜기나 산기슭에 자란다. 흰색의 작은 꽃이 몰려 핀다. 가지를 자르면 가운데 하얀 부분이 있는데 이것을 꼬챙이로 밀면 국수처럼 밀려 나오기 때문에 국수나무라고 한다.

쇠꼬챙이로 가지 속을 밀어 국수처럼 나오는 것을 관찰해 보자.

자귀나무

Albizzia julibrissin Durazz.

콩과 | **꽃** 6~7월 | **열매** 9~10월 | **높이** 3~5m | **종류** 갈잎작은키나무 | **쓰임** 나무껍질 – 불면증

꽃은 분홍색으로 공작의 날개처럼 화려하게 핀다. 나무껍질은 회갈색이며 가로로 껍질눈이 잔잔하게 있다. 꽃은 콩 꽃처럼 생기지 않았지만 열매가 콩꼬투리 닮아서 콩과 가족이 되었다. 납작한 꼬투리 열매 속에 5~6개의 씨가 들어 있다. 밤이 되면 잎이 두 장씩 포개져 마치 잠을 자는 것 같다고 하여 '자귀나무'라는 이름이 붙었다.

체험 노트 밤에 포근히 잠들어 있는 자귀나무 잎을 살펴보자.

싸리

Lespedeza bicolor Turcz.

콩과 | **꽃** 7~8월 | **열매** 10월 | **높이** 2~3m | **종류** 갈잎떨기나무 | **쓰임** 빗자루, 광주리, 바구니

산과 들에서 자라며 가지가 휘어져 늘어진다. 나비 모양의 붉은 자주색 꽃이 가지 끝에 촘촘히 모여서 피고 향기가 진하다. 길이 2cm가량의 작은 잎은 가장자리가 매끈한 타원형이다.

작은 잎을 뜯어서 공책에 여러 가지 모양을 만들어 붙여 보자. 잎과 꽃이 핀 길이를 비교하여 참싸리와 싸리를 구별해 보자.

칡

Pueraria thunbergiana Benth.

콩과 | **꽃** 8월 | **열매** 9~10월 | **높이** 10m 이상 | **종류** 갈잎덩굴나무 | **쓰임** 뿌리 – 즙, 차, 약 / 줄기 – 끈, 광주리 / 잎 – 가축사료

나비 모양의 자주색 꽃이 촘촘히 달리고 있은 마름모꼴이다. 나무껍질은 가로로 우툴두툴하게 갈라지며 줄기는 덩굴이 져 다른 물체를 감고 오른다. 열매는 길쭉한 주머니 속에 동글납작한 씨가 있다. 칡은 왼쪽으로 감아 올라가고 등나무는 오른쪽으로 감아 올라간다. 그래서 갈등이란 말이 생겼다.

칡이 감고 올라가 죽은 나무는 없는지 관찰해 보자.

가죽나무

Ailanthus altissima Swingle

소태나무과 | **꽃** 6~8월 | **열매** 9~10월 | **높이** 20~25m | **종류** 갈잎큰키나무 | **쓰임** 새순 – 김치, 부침개, 튀각 / 뿌리 · 나무껍질 – 설사, 위궤양

잎이나 잎자루에서 독특한 냄새가 난다. 잎자루를 만지면 잔털이 있어서 감촉이 보드랍다. 잎은 긴 달걀 모양이며 끝이 길고 뾰족하다. 꽃은 연녹색으로 자잘하게 모여서 핀다. 열매는 자루에 1개의 씨가 들어 있다. 공기오염에 강하고 병충해가 없어서 가로수로 심기도 한다.

잎을 만져 냄새를 맡아 보자.

개옻나무

Rhus trichocarpa Miq.

옻나무과 | **꽃** 5~7월 | **열매** 10월 | **높이** 7m | **종류** 갈잎큰키나무 | **쓰임** 수액 – 칠기 / 순 – 옻요리

가죽나무와 비슷하게 생겼다. 산에서 볼 수 있는 것은 거의 참옻보다는 개옻나무이다. 줄기는 붉은색이며 잎은 가을에 붉게 단풍이 든다. 잎겨드랑이에서 노란 녹색의 자잘한 꽃이 모여서 피고, 동그란 열매는 겉에 가시가 나 있다. 체질에 따라 심한 알레르기를 일으킬 수가 있어서 주의해서 만져야 한다.

체험 노트 이름 앞에 '참'이나 '개'자가 붙은 것을 찾아보고 어떤 차이가 있는지 생각해 보자.

담쟁이덩굴

Parthenocissus tricuspidata (S. et Z.) Planch.

포도과 | **꽃** 6~7월 | **열매** 8~10월 | **높이** 8~10m | **종류** 갈잎덩굴나무 | **쓰임** 줄기 · 잎 – 약

덩굴손에서 부착뿌리가 나와 바위나 나무, 담, 벽 등에 잘 달라붙는다. 열매는 포도알처럼 검고 둥글며 흰 가루로 덮여 있다. 가을에 단풍이 아름답다. 건물 틈새나 담 밑에 뿌리를 내려 쉽게 자라고 금세 벽을 다 덮어 버리기 때문에 담쟁이라고 불린다.

부착뿌리를 관찰해 보고, 열매도 먹어 보자.

산딸기

Rubus crataegifolius Bunge

장미과 | **꽃** 5~6월 | **열매** 6~8월 | **높이** 1~2m | **종류** 갈잎덩굴나무 | **쓰임** 약

붉은빛이 도는 줄기는 가시가 많고 털이 없지만 어린가지는 털이 있다. 잎은 어긋나고 잎 끝이 뾰족하며 잎자루에 가시가 있다. 흰색 꽃이 핀다. 붉게 익은 열매는 단맛이 나며 먹을 수 있다.

복분자딸기와 비교해 보자.

초롱이끼

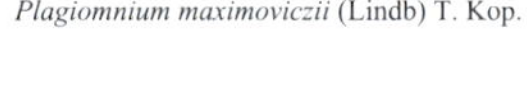

Plagiomnium maximoviczii (Lindb) T. Kop.

초롱이끼과 | **서식처** 물속이나 물가 | **번식기** 6월

이끼 종류 중에 중간 크기이며 맑은 녹색, 어두운 녹색, 갈색 등의 색을 띤다. 잎은 습기가 있을 때는 곧거나 넓게 퍼지고, 말랐을 때는 잎 가장자리가 우글쭈글해지거나 비틀어지며 알처럼 동그란 모양이 된다.

초롱이끼의 키를 측정해 보자. 키가 작을 때는 곧게 자라지만 크면 덩굴처럼 무성하게 자란다.

흰털이끼

Leucobryum glaucum

흰털이끼과 | **서식처** 흙 | **번식기** 7월

색은 흰빛을 띤 녹색이며 마른 잎은 더욱 희게 된다. 산이나 들의 나무뿌리 부근, 영양이 많은 흙에 둥글게 덩어리를 만들며 모여 산다. 우리나라와 중국의 한약방에서는 독을 없애거나 피를 멈추게 하는 데 사용하고 있다.

전체가 무덤처럼 둥글게 모여 자라며 고슴도치 같은 모양을 하고 있는 흰털이끼를 찾아보자.

봉황이끼

Fissidens bryoides Hedw.

봉황이끼과 | **서식처** 흙 | **번식기** 8월

숲속의 그늘진 흙이나 바위에 붙어 살고 있다. 가끔 물가나 물속의 바위에 붙어 사는 것도 있다. 잎의 모양이 봉황의 깃털과 비슷하다고 하여 이름 붙여졌으며 납작하다.

봉황의 깃털이나 소나무 잎처럼 생긴 봉황이끼를 관찰해 보자.

물가이끼

Philonotis fontana

물가이끼과 | **서식처** 물속이나 물가 | **번식기** 8월

색은 푸른빛을 띤 녹색이거나 흰빛을 띤 녹색이다. 개울가나 물이 떨어지는 바위, 땅 등에 작은 덩어리를 이루며 산다. 붉은 나무에 새가 한 마리 올라앉아 있는 모습으로 빽빽하게 모여 산다.

물가 바위와 주변 흙에서 자라는 모습을 관찰해 보자. 바위에서는 납작하게 퍼져 자라며, 물가 흙에서는 곧게 무리를 지어 자라기도 한다.

무당개구리

Bombina orientalis

크기 40~50mm | **출현시기** 4~7월 | **월평공원** 산 밑 습지, 웅덩이, 계곡 | **먹이** 곤충류, 다지류, 거미류 | **울음소리** '응응응', '응응응'

등의 색깔은 녹색 바탕, 검은색 바탕, 갈색 바탕에 검은 무늬가 있다. 피부에 많은 작은 돌기가 있다. 배는 붉은 바탕에 검은 무늬가 불규칙하게 있다. 발가락 끝은 붉은색을 띠며 뒷다리에는 물갈퀴가 있다. 4~8월에 산지 밑의 물이 고인 논이나 비 온 후 일시적으로 고인 물웅덩이에 집단으로 모여 짝짓기를 하고, 알을 낳는다. 알은 2~5개씩 물속의 수초나 나뭇가지에 붙인다. 올챙이는 30~40일 후에 어린 개구리가 되어 땅 위로 올라간다.

앞발가락을 비교하여 보고 암 · 수의 차이점을 이야기해 보자.

황소개구리

Rana catesbeiana

크기 100~180mm | **출현시기** 5~8월 | **월평공원** 갑천, 산 밑 습지 | **먹이** 곤충류, 어류, 양서류 | **울음소리** '웅웅웅', '웅웅웅'

등의 색깔은 녹색 바탕에 검은 무늬가 불규칙하게 있다. 배는 흰색과 노란색을 띠며 약한 검은 무늬도 있다. 다른 개구리에 비하여 덩치가 크다. 먹이는 곤충류, 양서류, 조류 등 다양하여 생태계를 위해하는 동물로 지정되었다. 물의 흐름이 약하고 수초가 많은 하천변이나 습지, 저수지 등에서 생활한다. 5~8월에 수초가 많은 저수지 부근에 6,000~40,000여 개의 알을 낳는다. 일찍 낳은 알의 올챙이는 탈바꿈하여 어린개구리가 되지만, 늦게 낳은 알은 올챙이 상태로 겨울을 지내고 이듬해 어린 개구리가 된다.

체험 노트 황소개구리가 생태계에 미치는 영향에 대하여 이야기해 보자.

줄장지뱀

Takydromus wolteri

크기 15~25cm | **출현시기** 5~7월 | **월평공원** 갑천변 풀숲, 야산 아래 | **먹이** 작은 곤충류, 다지류

몸의 색깔은 밝은 갈색에서 진한 갈색까지 다양하다. 배는 흰색이 많으며 갈색이나 녹색을 띤 개체도 있다. 몸에 비해 꼬리가 길다. 뒷다리의 안쪽에 한 쌍의 구멍을 가지고 있다. 5월경에 짝짓기를 하고 6~7월경에 흙바닥이나 돌무덤 안에 4~5개의 알을 낳는다.

머리나 배 옆에 있는 흰 줄을 관찰해 보고 '줄장지뱀'이라고 한 이유를 알아보자.

붉은귀거북

Trachemys scripta elegans

크기 15~20cm | **출현시기** 4~7월 | **월평공원** 갑천변 | **먹이** 갑각류, 달팽이

등딱지의 색깔은 진한 초록색을 띠며 노란색, 황록색 등의 무늬가 있다. 배는 노란색 바탕에 점무늬가 있다. 머리의 양쪽에 붉은 무늬가 선명하게 있다. 다리는 녹색 바탕에 노란색의 줄무늬가 있다. 하천, 습지, 물이 고인 웅덩이 등에서 생활을 하며 겨울잠은 물속에서 잔다. 어릴 때는 동물성 먹이를 먹지만, 성장하면 잡식성이다.

체험 노트 붉은귀거북이라고 이름을 붙인 이유를 이야기해 보자.

쇠살모사

Gloydius ussuriensis

크기 50~70cm | **출현시기** 7~9월 | **월평공원** 갑천변, 야산, 계곡 | **먹이** 개구리, 장지뱀

등의 색깔은 붉은색, 검은색, 갈색 등 다양하다. 머리는 길쭉한 삼각형 모양이며 눈 뒤에 흰 줄이 있다. 몸통의 옆에는 둥근 무늬가 머리부터 꼬리까지 있다. 꼬리는 검은색이며 혀가 분홍색이다. 하천 주변이나 계곡의 바위가 많은 곳에서 생활을 한다. 가을에 짝짓기를 하고 다음 해 7~8월에 예닐곱 마리의 새끼를 낳는다.

혀와 꼬리의 색깔을 관찰해 보자.

무자치

Elaphe rufodorsata

크기 60~120cm | **출현시기** 7~9월 | **월평공원** 갑천변, 습지주변 | **먹이** 개구리, 설치류

등의 색깔은 붉은 갈색, 검은색, 노란 갈색 등 다양하다. 검은 점이 산재하고 눈 뒤에 검은 줄이 있다. 배는 붉은 갈색 또는 황색으로 일정한 간격을 두고 사각형의 검은색 점 무늬가 있다. 물을 좋아하며 하천변이나 습지 주변에서 생활하며 헤엄을 잘 친다. 먹이는 주로 개구리류와 쥐(설치류)를 먹는다. 8~9월에 일곱에서 열두 마리의 새끼를 낳는다.

배에 있는 검은 바둑판 모양의 무늬를 관찰하여 보자.

맹꽁이
Kaloula borealis

크기 40~50mm | **출현시기** 5~8월 | **월평공원** 물웅덩이, 갑천변 | **먹이** 곤충류, 거미류, 다지류 | **울음소리** 한 마리 – '맹', '맹', '맹' / 두 마리 – '맹–꽁', '맹–꽁'

몸은 둥근 찐빵처럼 부풀어 올라 있다. 등 면의 색깔은 노란색 바탕과 갈색 바탕에 검은 무늬가 흩어져 있다. 배면은 밝은 갈색 바탕에 노란 무늬가 불규칙하게 있다. 수컷의 턱 아래는 약간 검은색으로 늘어나 있으며 번식기 때는 목 아래의 울음주머니를 부풀려 운다. 뒷다리에는 땅을 잘 파고 들어갈 수 있는 근육이 발달되어 있다. 장마철에 집중적으로 모여 짝짓기를 하고 알을 낳는다. 알은 한 개체가 2,000여 개 정도 낳는다.

맹꽁이의 소리를 잘 들어 보고 어떻게 우는지 따라 해 보자.

검은물잠자리

Atrocalopteryx atrata

물잠자리과 | **크기** 배 45~50mm, 뒷날개 35~43mm | **출현시기** 6~10월 | **월평공원** 갑천변, 습지 | **먹이** 애벌레(수생생물), 어른벌레(곤충류)

머리, 가슴, 배는 금속광택이 나는 짙은 녹색이며 날개는 녹색을 띤 검은색이다. 하천의 가장자리에서 살며 특히 수초에 붙어서 휴식하는 모습을 쉽게 관찰할 수 있다. 비슷한 종류로는 물잠자리가 있는데 검은물잠자리에 비해 날개의 검은색이 옅다. 하천에 서식하며 검은색의 날개를 가지고 있다 하여 이름이 지어졌다.

체험 노트 검은물잠자리와 생김새가 거의 똑같지만, 날개에 흰 점이 있는 '물잠자리'를 찾아보자.

광대노린재

Poecilocoris lewisi

광대노린재과 | **크기** 17~20mm | **출현시기** 5~8월 | **월평공원** 숲의 가장자리 | **먹이** 산수유나무, 노린재나무

녹색의 금속성 광택을 띠는 매우 아름다운 종이다. 다른 노린재류에 비해 만졌을 때 냄새가 덜 나며 산수유나무의 낙엽이나 나무껍질 속에서 겨울잠을 잔다. 노린재 중에서 생김새가 가장 화려하기 때문에 '광대'라는 이름이 붙여졌으며 옛날에는 이 녀석의 딱지날개로 왕의 관이나 한복, 장롱 등에 장식을 했다.

광대노린재의 등에는 특이한 무늬가 있다. 'ㄱ', '+', 'w'와 닮은 무늬를 찾아보자.

에사키뿔노린재

Sastragala esakii

뿔노린재과 | **크기** 10~12mm | **출현시기** 5~9월 | **월평공원** 숲의 가장자리 작은키나무 | **먹이** 층층나무, 말채나무

몸은 전체적으로 황갈색 바탕이며 날개딱지에는 노란색의 하트 모양이 있다. 어깨 양옆이 세모꼴로 돌출되어 있다. 암컷은 모성애가 강해 알과 부화한 새끼들을 약 10일 동안 곁에서 돌본다. 일본의 에사키라는 사람이 처음 발견했으며, 어깨가 뾰족하다고 하여 '에사키뿔노린재'라는 이름이 붙여졌다.

사랑의 징표인 하트를 찾아보자. 이것이 이 종의 특징이다.

거위벌레

Apoderus jekelii

거위벌레과 | **크기** 6.5~10mm | **출현시기** 5~9월 | **월평공원** 숲의 작은키나무 | **먹이** 참나무, 밤나무

머리를 제외한 몸은 전체적으로 붉은색이고, 더듬이와 머리, 다리는 검은색이지만 조금씩 다르다. 5월에 가장 많이 눈에 띄며, 나뭇잎을 말아서 새끼가 살 집을 짓는다. 잎에다 알을 1개 내지 2개를 낳고 나뭇잎을 돌돌 마는데, 알에서 깨어난 애벌레는 집을 먹고 자란다. 거위의 목같이 머리와 목이 길다고 하여 이름이 지어졌다.

거위벌레의 목이 정말 길쭉한지 관찰해 보자. 한번 보면 이름이 잊히지 않는다. 그리고 참나무나 밤나무의 잎을 돌돌 말아 놓은 것을 찾아보자. 거위벌레의 요람이다.

넓적사슴벌레

Dorcus titanus castanicolor

사슴벌레과 | **크기** 20~50mm | **출현시기** 5~10월, 밤 | **월평공원** 숲 | **먹이** 썩은 참나무

몸은 전체적으로 진한 검은색이며, 국내 서식하는 사슴벌레류 중 가장 크다. 낮에는 땅속에 숨어 지내다가 밤이 되면 참나무에 기어올라 수액을 핥아먹는다. 위험을 느끼면 땅으로 떨어져 죽은 척(의사 행동)하다가 땅속으로 도망치니 조심스럽게 다가가야 한다. 다른 사슴벌레류에 비해 몸이 넓적하다고 하여 이름 붙여졌다.

7~8월 밤에 참나무에서 진액을 빨아 먹고 있는 사슴벌레를 찾아보자. 낮보다는 밤에 쉽게 볼 수 있다.

명주잠자리

Baliga micans

명주잠자리과 | **크기** 몸 40mm, 앞날개 35~45mm | **출현시기** 6~10월 | **월평공원** 갑천변 모래밭(애벌레), 산기슭(어른벌레) | **먹이** 개미나 작은 곤충(애벌레)

어른벌레는 잠자리와 비슷하게 생겼으나 날갯짓에 힘이 없으며 더듬이가 길고, 주로 밤에 활동하는 것이 잠자리와 차이점이다. 애벌레의 몸은 타원형이고 털이 듬성듬성 나 있으며 큰 턱은 매우 날카롭게 생겼다. 애벌레는 모래밭에 절구통 같은 굴을 파고 그 안에 숨어 있다가 개미 같은 작은 곤충이 미끄러져 내려오면 더 깊은 곳으로 끌고 들어가 체액을 녹여 먹는다. 개미를 잔인하게 잡아먹는다고 하여 애벌레는 '개미귀신'이란 이름이 붙여졌으며, 애벌레의 집은 '개미지옥'이라 부른다.

갑천변 모래밭을 조심해서 걸어 보자. 개미귀신이 절구통 같은 굴을 파서 먹이를 기다리고 있다.

작은주홍부전나비

Lycaena phlaeas

부전나비과 | **크기** 날개 편 길이 27~35mm | **출현시기** 4~10월 | **월평공원** 갑천변 | **먹이** 소리쟁이, 애기수영

날개 윗면은 주홍빛 윤기가 나며 테두리에는 검은색의 띠가 있다. 이와 비슷한 큰주홍나비는 주홍색이 더 짙다. 주로 개망초 꽃에서 꿀을 빨며 애벌레의 먹이가 되는 수영, 소리쟁의 등의 잎 주변을 천천히 날아다니며 잎 뒷면에 알을 낳는다. 나비의 색깔 때문에 이름이 지어졌다.

한국에는 작은주홍부전나비와 큰주홍부전나비 두 종이 살고 있다. 두 종의 크기와 날개 윗면의 색을 관찰하면 쉽게 이름을 기억할 수 있다.

큰주홍부전나비

Lycaena dispar

부전나비과 | **크기** 날개 편 길이 34~38mm | **출현시기** 5~10월 | **월평공원** 갑천변 | **먹이** 소라쟁이, 애기수영

수컷의 날개 윗면은 밝은 주홍빛으로 무늬가 없으며, 암컷은 수컷과 달리 앞날개의 바탕색이 조금 엷은 편이고 중앙에 검은 점들로 이루어진 줄무늬가 있다. 주로 강둑이나 논밭 근처에 살고 토끼풀, 개망초, 미나리 등의 꽃에서 꿀을 빤다. 2006년에 갑천변에서 처음으로 발견된 종으로 경기도 이북 지역과 충남 서해안 일대에서 서식하는 북방계 곤충이다. 본 종은 유럽에서 개체수가 현저히 줄어 세계자연보전연맹의 적색목록(IUCN Red List)에 등록된 보호종이다.

암컷과 수컷의 날개 색을 유심히 살펴보자. 수컷의 날개 색은 온통 오렌지빛이다.

거꾸로여덟팔나비

Araschnia burejana

네발나비과 | **크기** 37~50mm | **출현시기** 5~8월 | **월평공원** 숲의 계곡 주변 | **먹이** 좀깨잎나무, 흑쐐기풀, 거북꼬리

봄형과 여름형의 생김새가 다른데, 봄형은 날개 윗면에 검은 밤색과 오렌지색 얼룩무늬가 퍼져 있고, 여름형은 날개 윗면이 검은 바탕이며 흰색 줄무늬가 있다. 날개 윗면에 '여덟팔(八)'자 모양의 흰 무늬가 거꾸로 새겨져 있어 이름 붙여졌다.

체험노트 날개의 무늬를 보고 이름을 유추해 보자. 한번 보면 이름이 잊히지 않는다.

별박이세줄나비

Neptis pryeri

네발나비과 | **크기** 45~60mm | **출현시기** 5~9월 | **월평공원** 산지의 작은키나무 숲 | **먹이** 조팝나무

날개 윗면에 흰색의 줄이 3개 있고, 뒷날개 아랫면의 날개 안쪽에는 까만 점 약 10개가 별처럼 촘촘히 박혀 있다. 찔레꽃, 산초나무, 조팝나무의 꽃에서 꿀을 빨며, 암컷은 조팝나무 등의 잎 가장자리에 1개씩 알을 낳는다. 뒷날개 안쪽에 검은 점이 별처럼 박혀 있어 이름 지어졌다.

날개 뒷면에 촘촘히 박혀 있는 점무늬를 찾아보자. 그리고 이름을 되새기면 쉽게 잊히지 않는다.

진강도래

Oyamia nigribasis

강도래과 | **크기** 30mm 내외 | **출현시기** 4~8월 | **월평공원** 계곡 | **생활방식** 물속(알 · 애벌레) 및 육상(어른벌레) 생활

몸은 노란색 바탕에 갈색이고, 이마에 눈과 접하는 노란색의 'M' 자가 있는 것이 특징이다. 또한 가슴과 배 끝에 각각 한 쌍의 숨관을 가지고 있다. 크기가 작은 수서동물을 잡아먹는다. 산소가 풍부한 곳에 서식하며, 물에 산소가 부족하면 호흡을 위하여 팔굽혀펴기와 같은 동작을 반복하여 가슴에 있는 숨관을 흔들어 호흡한다.

팔굽혀펴기를 하는 진강도래를 찾아보자.

수염치레날도래

Psilotreta locumtenens

날도래과 | **크기** 7~11mm | **출현시기** 5~8월 | **월평공원** 계곡 | **생활방식** 물속(알 · 애벌레) 및 육상(어른벌레) 생활

몸은 길고 머리에 세 줄, 가슴에 두 줄의 붉은 갈색 세로줄 무늬가 있다. 돌 위를 기어 다니며, 부착조류 및 미세한 유기물을 주워 먹는다. 날도래 애벌레는 모래나 나뭇가지를 버무려 약간 구부러진 통 모양의 집을 짓는데 애벌레는 그 속에 들어가 머리와 다리만 내밀고 바닥을 기어 다닌다. 깨끗한 곳에서만 사는 환경지표종이며, 한반도고유종 및 국외반출승인종으로 지정 · 관리하고 있다.

애벌레를 집에서 분리한 후 작은 큐빅을 넣어 주면 수염치레날도래가 만든 보석 애벌레 집을 만들 수 있다.

뱀잠자리붙이

Parachauliodes asahinai

뱀잠자리과 | **크기** 50mm 내외 | **출현시기** 1년 내내 | **월평공원** 계곡 | **생활방식** 물속(알 · 애벌레) 및 육상(어른벌레) 생활

몸은 짙은 갈색을 띠고 있고, 배에는 일고여덟 쌍의 숨관이 있어 자칫 지네처럼 보이기도 한다. 이름에서 나타나는 것과 같이 매우 포식성이 강하여 올챙이나 작은 물고기를 사냥하기도 한다. 애벌레는 물의 양이 많고 속도가 빠른 계곡이나 하천에 있으며, 성충은 거의 먹지 않으면서 1~2주 동안 살아간다.

체험 노트 뱀잠자리붙이의 애벌레를 잡아 여덟 쌍의 숨관을 확인해 보자.

둥근물삿갓벌레 KUa

Eubrianax KUa

물삿갓벌레과 | **크기** 7mm 내외 | **출현시기** 1년 내내 | **월평공원** 하천 | **생활방식** 물속(알 · 애벌레) 및 육상(어른벌레) 생활

몸은 둥글고 납작한 삿갓 모양이며, 머리와 다리, 아가미는 껍질 안에 숨겨져 있다. 둥글고 납작한 몸은 흡반과 같은 역할을 해 돌 위에 안정적으로 붙어 있을 수 있다. 바닥을 기어 다니면서 부착조류 및 이끼류 등을 긁어 먹는다. 유속이 빠른 여울을 선호하며, 애벌레는 거의 움직이지 않고 바위에 붙어 있다.

바위에 붙어 있는 둥근물삿갓벌레를 떼어 보자. 쉽게 떨어지지 않는다.

물달팽이

Radix auricularia

물달팽이과 | **크기** 높이 23mm, 지름 14mm | **출현시기** 1년 내내 | **월평공원** 습지 | **생활방식** 물속 생활

물달팽이집의 층수는 3~4층이며, 연한 황갈색이다. 패각은 반투명하고 얇아 잘 부스러진다. 동 · 식물성을 모두 먹는 잡식성이다. 물의 흐름이 거의 없는 하천 주변이나 연못, 저수지에서 살고 있으며, 생물이 서식하기 어려운 환경에서도 대량으로 서식할 정도의 오염에 대한 내성이 높고, 번식력 또한 매우 강하다.

물풀 및 돌 등에 난막이 있는 물달팽이의 알집을 찾아보자.

동양하루살이

Ephemera orientalis

하루살이과 | **크기** 20mm | **출현시기** 5~8월 | **월평공원** 하천, 습지 | **생활방식** 물속(알 · 애벌레) 및 육상(어른벌레) 생활

색깔은 연한 갈색을 띠며, 머리 앞쪽으로 큰턱돌출기가 돌출되었고, 그 끝은 위를 향해 굽었다. 배 윗면에 세로줄 세 쌍이 뚜렷하고, 두 쌍으로 된 깃털 모양의 기관아가미가 특징이다. 굴을 파고 부착조류나 유기물 등을 주워 먹는다. 유속이 완만한 모래가 쌓인 곳에서 앞다리를 이용해 U자형의 굴을 파고 서식한다. 대발생되어 가로등이나 상가 등의 불빛에 모여든다.

포털에서 일명 '압구정벌레'를 검색해 보세요.

돌고기

Pungtungia herzi

모래무지아과 | **몸길이** 10~15cm | **산란기** 5~6월

눈부터 몸 한가운데를 지나 꼬리지느러미까지 갈색의 줄무늬가 뚜렷하다. 물이 천천히 흐르고 자갈이 있는 맑은 곳에서 살며 돌에 붙은 미생물이나 곤충의 유충을 뜯어 먹고 산다. 입이 마치 돼지 코처럼 납작하게 생겼다 해서 돈고기-돌고기라 부른다. 수심이 50~60cm 되는 돌 틈에 알을 낳는다.

돌고기가 먹이를 먹는 소리를 들어보자. "딱, 딱, 딱, 딱" 하며 돌 부딪치는 소리가 난다.

미호종개

Cobitis choii KIM and SON, 1984

미꾸리과 | **몸길이** 약 7cm | **산란기** 5~6월 | 한국고유종 | **지정** 천연기념물, 멸종위기 I급 어종

연한 갈색의 몸에 표범 무늬가 있다. 물의 흐름이 느리고, 가는 모래가 있는 곳에서 몸을 파묻고 머리만 내밀고 있다. 입수염이 세 쌍 있다. 금강의 지류인 미호천에서 처음 발견되어 미호종개라고 부른다. 미호천에서 각종 개발로 자갈과 모래를 채취하다 보니 서식처가 파괴되어 멸종되었으나 월평공원에서 서식하는 것이 발견되었다.

촘촘한 족대로 모래를 휘저어 가며 채집해 보자.

쉬리

Coreoleuciscus splendidus

모래무지아과 | **몸길이** 10~15cm | **산란기** 5~6월 | 한국고유종

몸은 가늘고 길며 원통형이나 머리는 납작하다. 등 쪽에서 배 쪽으로 무지개 색깔의 줄이 이어지고 모든 지느러미에는 검은 줄무늬가 있다. 맑은 하천의 여울에 살며, 물살을 헤치며 거슬러 올라가는 힘이 세서 여울각시라는 별명을 갖고 있다. 자갈이나 돌에 알을 붙인다.

몸통에 가로로 나 있는 아름다운 색깔을 관찰해 보자.

피라미
Zacco platypus

피라미아과 | **몸길이** 10~15cm | **산란기** 연중 수시

하천에서 가장 많이 보이는 물고기로 산란기가 되면 수컷의 색깔이 화려한 혼인색을 띠는 게 특징이다. 산란은 연중 수시로 하며, 입 주변엔 추성이라고 하는 오돌토돌한 혹이 생기는데, 이 추성으로 암컷의 배를 자극하기도 한다.

6~8월 사이에 혼인색을 띠는 피라미를 관찰해 보자. 몸에서 화려한 주황색이 핀다.

돌마자

Microphysogobio yaluensis

모래무지아과 | **몸길이** 5~10cm | **산란기** 5~7월 | 한국고유종

주둥이는 짧고 아래에 있으며 말굽 모양으로 넓다. 입 주변에 수염이 1쌍 나 있다. 몸 중앙에 흐릿한 검은 줄이 있고 그 위에 검은색 반점이 8개 정도 있다. 산란기에는 아랫입술과 가슴지느러미 등이 주황색을 띤다. 모래나 자갈이 있는 곳에서 살며 미생물을 먹고 산다.

굵은 모래나 자갈이 있는 갑천에서 채집해 보자.

납자루

Acheilognathus lanceolatus

납자루아과 | **몸길이** 5~9cm | **산란기** 4~6월

몸은 길고 옆으로 납작하며 광택이 있다. 등 쪽엔 청갈색, 배 쪽은 은백색을 띤다. 산란기가 되면 배 부분은 검은 자주색을 띠게 되고 지느러미의 가장자리가 선홍색으로 변한다. 유속이 빠르고 수심이 얕은 자갈이 깔린 곳에서 수서곤충이나 부착조류를 먹고 살며 산란기엔 조개의 몸속에 알을 낳는다.

유속이 빠르고 수심이 얕은 자갈이 있는 구간에서 채집해 보자.

모래무지

Pseudogobio esocinus

모래무지아과 | **몸길이** 10~20cm | **산란기** 5~6월

머리가 크고 입이 말굽 모양으로 생겼다. 몸 옆면 중앙에 검은 반점 6~7개가 비슷한 간격으로 배열되어 있고, 뒷지느러미를 제외한 지느러미에 검은 점이 있다. 입수염 한 쌍이 있다. 모래가 깔린 맑은 물에서 모래에 파고드는 성질이 있으며 알을 낳고 모래로 덮는다.

바닥에 모래가 깔려 있는 구간에서 채집해 보자.

참마자

Hemibarbus longirostris

모래무지아과 | **몸길이** 15~18cm | **산란기** 5~6월

몸은 원통형인데 꼬리 쪽으로 갈수록 납작하다. 몸 전체가 은색이고 등 쪽은 갈색이다. 몸을 가로질러 작고 검은 점이 일정한 간격으로 여덟 줄 정도 배열되어 있다. 맑은 중상류의 자갈과 모래가 있는 곳에서 산다.

참마자의 몸에 있는 작고 검은 점을 찾아보자.

가시납지리

Acanthorhodeus gracilis

납자루아과 | **몸길이** 8~10cm | 한국고유종

몸은 옆으로 납작하고 높다. 몸 전체가 금속성 광택을 띠는데 등 쪽은 청록색, 배 앞쪽은 연한 보랏빛이다. 중하류의 물 흐름이 느리고 탁하며 진흙이 있는 곳에 산다.

체험 노트 수초 주변에 사는 어린 가시납지리들을 소쿠리를 이용해 채집해 보자.

눈동자개

Pseudobagrus koreanus

동자개과 | **몸길이** 10~20cm | **산란기** 5~6월 | 한국고유종

몸은 가늘고 길다. 전체적으로 갈색을 띠는데 부분적으로 색이 옅거나 진하다. 입가에 네 쌍의 수염이 나 있다. 중상류의 바위나 돌이 많은 곳에 서식하는 야행성 물고기로 수서곤충이나 작은 물고기를 먹고 산다.

수염의 수를 관찰해서 메기와 비교해 보자.

참종개

Iksookimia koreensis

미꾸리과 | **몸길이** 7~10cm | **산란기** 6~7월 | 한국고유종

머리와 몸통이 가늘고 길며 옆으로 납작하다. 몸 색깔은 연한 누런색이며 등과 몸의 옆면에 갈색의 구름 모양의 얼룩무늬가 있고 몸통 중앙에는 10~18개의 긴 삼각형 무늬가 있다. 입수염이 세 쌍 있다. 중상류의 흐름이 빠르고 자갈이 깔린 곳에서 산다.

체험노트 종개류의 몸 표면에는 다양한 줄무늬가 나 있는데 이를 관찰하고 비교해 보자.

감돌고기

Pseudopungtungia nigra

잉어과 | **몸길이** 7~10cm | **산란기** 4~7월 | 한국고유종, 멸종위기어종

몸은 길고 옆으로 약간 납작하며, 머리는 약간 작고 원추형에 가까우며 끝은 뾰족하다. 입의 형태는 '돌고기'와 마찬가지로 말굽 모양이지만 입의 가장자리가 '돌고기'처럼 두꺼워지지는 않는다. 몸 빛깔은 어두운 갈색이며 옆구리에 옆줄을 따라 검은 갈색 띠가 있다. 등지느러미와 배지느러미에는 지느러미를 가로지르는 검은 띠가 2개가 있다. 등지느러미 살은 7~8개이고, 뒷지느러미 살은 6~7개이다.

감돌고기는 꺽지의 산란 처에 알을 함께 낳는 탁란을 한다. 감돌고기가 있는 주변에 꺽지를 확인해 보자.

각시붕어

Rhodeus uyekii

잉어과 | **몸길이** 3~6cm | **산란기** 4~6월 | 한국고유종

몸과 머리는 옆으로 납작하고 몸높이가 높다. 옆으로 본 모양은 마름모꼴이거나 긴 달걀 모양이다. 옆구리 후반부 가운데에 흑청색의 가로띠가 있다. 흐름이 빠르지 않은 하천 가장자리의 수초가 무성한 진흙 바닥과 연못에서 서식한다. 헤엄치는 동작은 재빠르지 못하고, 놀라면 수초나 돌 사이로 숨는다. 잡식성이지만 돌이나 수초에 붙어 있는 부착조류나 유기물의 조각을 주식으로 한다. 조개의 몸 안에 알을 낳는다.

체험노트 산란기에는 옆구리에 청색의 가로띠가 더욱 짙어진다.

밀어

Rhinogobius brunneus

망둑어과 | **몸길이** 4~12cm | **산란기** 5~8월

몸은 원통형으로 가늘고 길며 머리와 몸의 높이는 거의 같다. 꼬리자루는 낮고 꼬리는 옆으로 납작하다. 배지느러미는 좌우가 한데 붙어 흡반을 형성하고 있다. 꼬리지느러미는 끝이 퍼졌고 둥글다. 몸 빛깔은 사는 곳에 따라서 많이 다르지만 담갈색 또는 흑갈색으로 옆구리에 연한 갈색 반문 7개가 있다. 하천 · 호수 · 늪 등 비교적 물이 맑고 바닥에 자갈이나 모래가 깔려 있는 곳에서 서식하며 돌 밑에 잘 숨는다.

배지느러미 좌우가 한데 붙어 만들어진 흡반을 관찰해 보자.

갈겨니

Zacco temmincki

잉어과 | **몸길이** 10~15cm | **산란기** 6~8월 | 한국고유종

몸은 옆으로 납작하고 길며 날씬하다. 입수염은 없고, 뒷지느러미는 특히 크다. 몸의 양 옆면에는 검은 자주색 줄무늬가 있다. 수컷은 혼인색이 화려하다. 물이 깨끗한 하천의 중상류 자갈 바닥에 산다. 수면에 떨어진 육상곤충이나 수서곤충류를 먹는다.

피라미와 눈의 크기를 비교해 보자. 혼인색을 나타낼 때 주둥이 주변을 살펴보면 추성이 있다. 추성이란 산란기 때 몸에 돋아나는 원뿔 모양의 돌기이다.

누치

Hemibarbus labeo

잉어과 | **몸길이** 20~30cm | **산란기** 5월 | 한국고유종

몸이 길고 주둥이도 길다. 말굽 모양인 입은 주둥이 밑에 있고, 입수염이 한 쌍 있다. 몸은 바탕이 은백색이고 등 쪽은 암색이다. 산란기가 되면 수컷은 머리 부분이 검붉은 색을 띠며, 주둥이에 흰색 돌기가 많이 생긴다. 바닥에 자갈이 깔린 하천 중상류의 맑은 물에서 하구의 모래나 펄 바닥까지 서식처가 넓다. 수서곤충류나 소형 갑각류, 부착조류 등을 먹는다.

산란은 얕은 곳에서 한다.

송사리
Oryzias latipes

송사리과 | **몸길이** 2~3cm | **산란기** 5~8월

거의 전국에 분포한다. 몸은 길고 옆으로 납작하나 머리는 위아래로 납작하다. 입은 주둥이의 끝에 있고, 위턱이 아래턱보다 짧다. 수컷의 등지느러미는 바깥쪽 가장자리가 갈라져 있고, 뒷지느러미는 기저가 매우 길며 수컷의 뒷지느러미 살이 암컷보다 길다. 등 쪽에는 담갈색이고 배 쪽은 색깔이 그보다 훨씬 엷다. 수심이 얕은 호수, 늪, 웅덩이, 농수로 등에서 산다. 무리 지어서 물 표면을 헤엄치며 부착조류, 실지렁이 등을 먹는다.

체험 노트 알에는 끈이 달려 있어서 암컷이 산란 후 몇 시간 동안 생식공에 알을 달고 다니다가 수초에 붙인다.

점줄종개

Cobitis lutheri

기름종개과 | **몸길이** 7~8cm | **산란기** 5~6월

몸은 미꾸리 형이고 주둥이는 비교적 길며 입은 작고 밑에서 보면 반원형이다. 물이 맑고 유속이 완만하며 바닥에 모래나 자갈이 깔린 데서 산다. 잡식성이지만 곤충의 애벌레를 주식으로 한다. 생활에 위협을 느끼면 모래 속으로 파고들어 가 숨는다.

점과 줄무늬로 장식한 몸통을 살펴보자.

줄몰개

Gnathopogon strigatus

잉어과 | **몸길이** 3~6cm | **산란기** 4~6월

부리붕어, 깨피리, 줄피리, 줄버들이, 줄눈쟁이 등 사투리로 부르기도 한다. 몸은 뒤로 길쭉하고 체구에 비해 비교적 큰 눈을 가졌으며 입가에는 작은 입수염이 한 쌍 달려 있다. 전체적으로 담갈색 바탕에 몸 가운데를 지나는 검은 줄무늬가 있다. 환경 변화에 대한 내성이 약하고 무자비하게 잡아서 사라져 가고 있다. 물이 맑은 하천의 중류에 물 흐름이 완만하고 수초와 모래자갈이 적당이 깔린 곳에서 산다. 강도래 등 물에 사는 곤충을 잡아먹거나 동물성 플랑크톤을 섭취한다.

체험노트 은빛으로 빛나는 귀엽고 예쁜 물고기를 찾아보세요.

참붕어

Pseudorasbora parva

잉어과 | **몸길이** 6~9cm | **산란기** 5~7월

붕어에 비해 몸높이가 낮고 몸이 전반적으로 길쭉하다. 주로 떼를 지어서 헤엄치고 물풀이나 바닥에 붙은 미생물, 물속 곤충, 물고기 알 등을 먹고 산다. 번식기에는 수컷이 산란장을 마련하고 암컷을 유인하여 암컷이 낳은 알을 보호하는 행동을 한다. 산란기의 수컷은 몸에 추성이 생겨나고 몸집이 암컷에 비해 크다.

수조에서도 잘 적응해서 살아 관상용으로도 이용된다.

칼납자루

Acheilognathus koreensis

잉어과 | **몸길이** 8cm | **산란기** 5~6월 | 한국고유종

작은 무리를 이루어 물풀이 많은 곳의 중층과 하층을 헤엄치며 산다. 몸은 옆으로 납작하고 약간 짧다. 입 구석에 한 쌍의 긴 입수염이 있다. 몸 빛깔은 황갈색 또는 자갈색으로 짙으며 배 쪽에 이를수록 연하다. 대체로 수컷은 암컷에 비해 몸 빛깔이 짙고 세로띠를 형성하고 있는 뚜렷한 무늬가 있다. 산란기가 되면 수컷은 주둥이에 커다란 추성이 생기고 몸 빛깔과 등지느러미 등도 암갈색으로 더욱 짙어진다.

체험 노트 조개의 몸 안에 알을 낳는 물고기는 또 무엇이 있을지 알아보자.

해오라기
Nycticorax nycticorax

백로과 | **구분** 여름 철새 | **번식기** 4~8월 | **월평공원** 갑천변, 천변 버드나무 | **울음소리** '꺅, 꺅'

몸통은 뚱뚱하고 다리가 짧다. 머리 위와 등은 검은 기가 있는 녹색이고, 얼굴과 배는 흰색이다. 번식기에는 뒷머리에 긴 장식깃이 2개가 나온다. 어린 새끼는 몸 전체가 갈색이다. 주로 물고기, 개구리, 뱀, 곤충 등을 먹는다. 백로류와 같이 집단을 이루어 번식한다.

백로의 무리 속에서 등이 녹색인 해오라기를 찾아보자.

검은댕기해오라기

Butorides striata

백로과 | **구분** 여름 철새 | **번식기** 5~8월 | **월평공원** 갑천 보 | **울음소리** '꺅꺅, 꺅~ 꺅꺅꺅'

머리 위는 청색이 도는 흑색이고, 부리는 길고 가늘며 다리가 짧다. 뒷머리에 긴 장식깃이 있어서 '검은댕기'라는 이름이 붙었다. 땅 위 5~10m 높이의 나무에 엉성한 둥지를 짓는다. 낮에는 물가 근처의 풀숲에서 휴식하고, 저녁이 되면 하천 물가나 얕은 물길에서 물고기를 잡아먹는다.

갑천의 보가 설치된 부분에서 검은댕기해오라기를 찾아보자.

흰목물떼새

Charadrius placidus

물떼새과 | **구분** 텃새 | **번식기** 5~7월 | **월평공원** 갑천 모래톱 | **울음소리** '피요~ 피요~' | **지정** 멸종위기야생동물 Ⅱ급

꼬마물떼새와 매우 비슷하지만 몸집은 좀 크고, 부리가 길고 가늘다. 목 부분의 검은 띠가 꼬마물떼새보다 가늘고 목뒤로 연결된다. 모래, 자갈이 있는 건조한 지역을 택해 둥지를 만든다. 먹이는 수서곤충, 작은 물고기, 곤충 등 동물성을 좋아한다.

모래톱 또는 천변의 모래, 자갈이 있는 지역을 천천히 걷다 보면 빨리 도망가지 않으면서 눈치를 보다가 가까워지면 빠른 속도로 걷다가 날아간다.

꼬마물떼새

Charadrius dubius

물떼새과 | **구분** 여름 철새 | **번식기** 4~7월 | **월평공원** 갑천변 모래톱 | **울음소리** '키유', '피유'

머리와 등은 갈색이며 배는 흰색이다. 큰 눈과 짧은 부리를 가지고 있고 비교적 긴 다리를 이용해 걷거나 빨리 뛰어가 먹이를 잡는다. 참새보다 조금 크고 물떼새 가운데 가장 작다. 여름에는 눈 주위에 노란색 링이 생긴다.

하천의 자갈밭에서 꼬마물떼새의 둥지를 찾아보자. 둥지 속에는 잔돌이나 마른풀, 조개껍질 등이 깔려 있다.

파랑새

Eurystomus orientalis

파랑새과 | **구분** 여름 철새 | **번식기** 5~8월 | **월평공원** 야산과 천변 경계, 키 큰 나무 | **울음소리** '켁켁, 켁켁켁켁'

머리는 검은색이며 목 부위는 남청색이고 나머지는 짙은 청록색을 띠며 부리와 다리는 붉은색이다. 비행 시 날개 아랫부분에 흰색의 원형 모양이 보인다. 부리가 커서 비행하면서 잠자리, 나비, 나방 등 곤충을 주로 먹는다.

하늘 높이 날면서 "켁켁 켁켁켁켁" 하고 소리를 내는 파랑새를 찾아보자.

물총새

Alcedo atthis

물총새과 | **구분** 여름 철새 | **번식기** 3~8월 | **월평공원** 갑천변 | **울음소리** '찌잇'

부리가 몸만큼이나 길다. 새의 윗면은 초록빛을 띤 푸른색이며 등은 선명한 파란색, 배는 주황색이다. 물가의 나뭇가지나 바위에 앉아 있다가 먹이를 발견하면 물속으로 다이빙하여 부리로 물고기를 잡아 제자리로 돌아온다. 잡은 물고기를 바위에 때려서 기절시켜 먹는다.

물총새를 발견하면 그들이 사는 곳을 찾아보자. 물가 흙 언덕에 구멍을 파고 사는데, 예쁜 몸 색깔과는 다르게 집은 몹시 지저분하다.

꾀꼬리
Oriolus chinensis

꾀꼬리과 | **구분** 여름 철새 | **번식기** 5~7월 | **월평공원** 숲, 갑천변 버드나무 | **울음소리** '히요, 호호, 호이오'

몸 전체가 노란색이고 부리는 붉은색이다. 수컷의 색이 더 선명하며, 먹이는 곤충류와 산딸기, 산포도 등을 먹는다. 나뭇가지 사이에 여러 가지 풀이나 작은 나뭇가지 등을 이용하여 사발 모양의 둥지를 틀고 4~6개의 얼룩진 알을 낳는다. 목소리가 청명하다고 하여 이름 붙여졌다.

월평공원 숲에서 갑천을 건너 버드나무를 왔다 갔다 하는 꾀꼬리 무리를 찾아보자.

개개비

Acrocephalus orientalis

휘파람새과 | **구분** 여름 철새 | **번식기** 6~8월 | **월평공원** 갈대숲 | **울음소리** '개, 개, 개, 삐, 삐, 삐'

몸 전체가 아주 연한 녹색을 띤 갈색이며 배는 하얗다. 물가의 갈대밭에 여러 가지 풀을 모아서 밥그릇 같은 둥지를 짓는다. 곤충과 양서류, 지렁이 등을 주로 먹는다. 가끔 뻐꾸기가 녀석의 집에 알을 낳아 놓는데, 개개비는 제 새끼인 줄 알고 대신 키우기도 한다.(탁란)

체험 노트 아이 키만큼 올라온 갈대숲에서 시끄러운 개개비의 울음소리를 들어 보자.

생태체험 프로그램

서식처에 따라 물고기 분류하기

1. 물고기를 보호하기 위한 배려

- 갈수기나 산란기(3~7월)엔 무분별하게 물고기를 잡지 않습니다.
- 투망, 배터리, 독극물 등의 사용을 금합니다.
- 보의 설치를 금하고 무의미한 보를 철거합니다.
- 하천 바닥의 자갈, 모래 등의 채취를 금합니다.
- 하천 수량의 원천이 되는 숲을 보호하고 녹색 댐을 적극 조성합니다.
- 수질오염을 막고 비점오염원 등의 관리에 힘을 기울여야 합니다.
- 육식성 외래종의 방류를 금하고 무분별한 방생을 제한합니다.
- 하천의 인위적인 변형을 막고 자연형 하천의 형태를 유지합니다.
- 채집하여 관찰한 물고기는 채집한 장소에 다시 놓아 주도록 합니다.

2. 서식처에 따른 물고기의 분류

서식처	환경	어종
산골짜기를 흐르는 계류	물살이 매우 빠르게 흐른다(낙차). 바닥에 큰 돌과 바위가 많다. 주변에 나무가 많다. 수온이 낮다.	금강모치, 버들개, 버들치, 버들가지, 자가사리, 퉁가리, 열목어, 산천어 등

상류와 중류의 여울	물이 비교적 빠르게 흐른다. 바닥에 큰 자갈이 많이 깔려 있다. 물 표면에 하얀 물거품이 생긴다. 물속까지 햇빛이 비친다. 부착조류와 수서곤충이 많다.	쉬리, 감돌고기, 어름치, 참마자, 꾸구리, 돌상어, 모래주사, 배가사리, 종개, 참종개, 왕종개, 새코미꾸리 등
천천히 흐르는 하천 중류	강폭이 넓고 수심도 깊다. 강바닥에 모래와 펄도 있다. 강 주변에 수생식물이 있다. 강바닥에는 조개 등의 이매패가 있다	붕어, 돌고기, 중고기, 모래무지, 돌마자, 갈겨니, 피라미, 각시붕어, 납자루, 쏘가리, 꺽지, 동사리, 동자개 등
강 하류	강폭 넓고 흐름이 느리며 수심은 깊다. 바닥은 모래와 진흙, 펄이다. 염분의 농도가 하구로 갈수록 높다. 유기물질이 많다.	웅어, 전어, 잉어, 눈불개, 강준치, 치리, 숭어, 양태, 농어, 풀망둑, 말뚝망둑어, 모치망둑, 문절망둑, 주둥치
대형 댐, 호수	새로 만들어진 인공 호수(다목적) 변화가 심하다. 생활하수와 유기물 축적으로 부영양화	잉어, 붕어, 떡붕어, 동자개, 메기, 줄납자루, 참붕어, 몰개, 누치, 치리 등
연못과 저수지	물 흐름이 없고, 기상조건에 따라 변화가 심하다. 식물성플랑크톤(생산자), 동물성플랑크톤(소비자)이 많다. 주변에 갈대와 부들 등의 수초가 많다. 녹조현상이 빈발하다.	송사리, 대륙송사리, 흰줄납줄개, 좀구굴치, 버들붕어, 드렁허리, 왜몰개, 붕어
바다와 하천을 왕래	강하성어류(강에서 살다가 산란 등을 위해 바다로 내려가는 어류) ⇒ 뱀장어, 무태장어 소하성어류(바다에서 살다가 산란 등을 위해 강으로 올라오는 어류) ⇒ 연어, 송어 칠성장어, 황복, 황어, 뱅어, 은어, 큰가시고기	

3. 각시붕어와 말조개의 함께 사는 이야기

각시붕어는 산란기가 되면 암컷의 배 밑으로 빨대 모양의 긴 산란관이 나와 말조개의 배출구에 해당하는 출수공에 산란관을 넣고 산란을 하지요.

이때 멋진 혼인색으로 치장한 수컷이 말조개의 입수공으로 방정을 하여 수정이 이루어집니다. 각시붕어의 알들은 말조개의 몸속에서 부화하여 말조개의 몸 밖으로 나오게 되는데 말조개의 도움에 힘입어 거의 100%에 가까운 부화 성공률을 보이고 있습니다. 이런 곡예에 가까운 각시붕어의 산란 행위가 이루어지는 때는 말조개의 번식 시기로 말조개의 번식활동 또한 왕성한 때입니다.

조개는 행동 반경이 어류에 비해 좁고 활동성이 약하기 때문에 조개가 번식을 위해 몸속에서 부화된 유생(유패)들을 몸 밖으로 마치 먼지처럼 뿜어내지요. 마침 각시붕어와 같은 납자루아과의 물고기가 산란을 위해 조개 주위에 몰려들었다가 물고기의 몸에 조개의 유생(유패)들이 부착되는 것입니다. 이제 물고기들이 먼 곳까지 이동하여 조개의 유생들을 퍼뜨리는 역할을 해 주기만 하면 됩니다. 자손을 많이 퍼뜨리려는 종족번식 본능, 번식 행위의 공생관계를 이루며 살아가는 아주 재미있는 물속 이야기입니다.

생태체험 프로그램

함께 살아가는 작은 생물들

1. 물고기 만화 그리기

준비물 그물, 작은 수조, 물고기 도감, 칸이 나누어져 있는 종이, 색연필, 필기도구

장소 갑천 → 나무그늘

1. 두세 명씩 짝이 되어 그물을 가지고 물고기를 잡아 봅니다. 물의 속도가 빠른 곳이나, 느린 곳, 수풀이 우거진 곳, 모래가 많은 곳 등 다양한 환경에서 물고기들을 잡을 수 있어요.
2. 잡은 물고기를 작은 수조에 넣고, 선생님이 호루라기를 불면 모입니다.
3. 선생님은 아이들이 잡은 물고기의 특징과 일생, 다른 생물과의 관계를 설명해 줍니다.
4. 물고기 채집을 마치고 나무그늘로 옮겨 와 선생님이 나누어 준 종이에 만화를 그려 봅니다. 오늘 만난 물고기를 누구에게 소개하는 내용이거나, 아니면 물고기들끼리 짝을 찾기 위해 경쟁하는 내용 등 다양하게 구성해 봅니다.
5. 친구들에게 자신이 만든 만화를 소개합니다.

2. 진디-무당벌레-개미의 삼각관계 알기

무당벌레는 진디를 잡아먹습니다. 그래서 진디는 자신의 몸을 보호하기 위해 개미와 멋진 계약을 맺는데요, 진디의 몸에서 나오는 단 국물을 개미에게 먹이로 주고, 개미는 그 대가로 진디를 지켜 주는 것이지요. 관찰을 통해서 이들의 삼각관계를 알아봅시다.

준비물 노트, 연필

장소 진디가 많이 있는 풀

1. 진디가 많이 붙어 있는 풀을 찾습니다. 진디 주위에 개미나 무당벌레가 있다면 제일 좋습니다.
2. 진디가 분비하는 단물을 먹고 있는 개미를 관찰하고, 이 벌레들의 관계를 생각해 봅니다.
3. 무당벌레가 진디를 먹고 있는 모습을 관찰하고 이 벌레들의 관계를 생각해 봅니다.
4. 또, 개미와 무당벌레 사이에 어떤 관계가 있는지 살펴봅니다. 무당벌레가 없다면 다른 낯선 곤충을 잡아와 개미 주위에 놓습니다. 개미가 어떤 반응을 보이는지 살펴봅니다.
5. 진디와 개미, 무당벌레의 삼각관계를 정리해 봅니다.
6. 농가의 해충인 진디를 막기 위한 방법은 무엇일까요?

3장

가을

가을에 만나는 야생 동식물

생태체험 프로그램

월평공원과 갑천의 가을,
지금 만나러 가 볼까요?

시원한 바람이 부는 가을. 베짱이들의 울음소리와 나무의 열매들로 월평공원은 풍성합니다. 하얀색의 은은한 향이 나는 구절초와 주글주글 주름이 가 있는 주름조개풀이 우리를 반갑게 맞지요. 몸이 통통한 베짱이들이 멋진 짝을 찾기 위해 바이올린을 켜고, 다리에 톱처럼 가시가 나 있는 톱다리개미허리노린재도 날씬한 몸을 움직이며 먹이를 먹고 있습니다.

물웅덩이 주변에는 물속 곤충을 잡아먹으려는 잠자리들로 가득합니다. 푸른색 몸을 가지고 있는 밀잠자리가 물웅덩이 위에 알을 낳고, 검은물잠자리도 가는 막대 같은 몸통에 달린 날개로 훨훨 날아다닌답니다.

하천에는 중대백로가 고고한 자태를 뽐내며 물고기를 잡아먹고 있고, 발이 노래서 노란 양말을 신었다는 쇠백로도 날아다니지요. 갈대숲에서는 붉은머리오목눈이가 "비비비" 하며 요란스럽게 울어 댑니다.

숲으로 들어가면 울긋불긋한 단풍이 물들고, 갖가지 열매들이 탐스럽게 열려 있답니다. 독특한 향이 나는 산초나무는 까만 열매를 내놓았고, 상수리나무, 굴참나무, 떡갈나무는 먹음직스러운 도토리를 품고 있어요.

앗! 발밑을 조심하세요.

도토리가 달린 짧은 가지가 땅바닥에 떨어져 있을 거예요. 도토리거위벌레의 소행인데요, 도토리 속에 알을 낳고 이빨로 가지를 끊어 밑으로 떨어뜨린 거지요. 이 거위벌레의 새끼는 겨울 동안 도토리를 먹고 살겠지요?

축축한 숲속에는 양털처럼 구불구불한 양털이끼가 바위나 흙에서 살고 있어요. 우산 모양을 한 우산이끼도 씨를 퍼트리고 있답니다. 자주색의 물봉선도 줄기에 주르륵 피어 있는데, 가까이에서 들으면 마치 아름다운 방울 소리가 들릴 것 같아요.

가을밤에는 늦반딧불이가 월평공원을 아름답게 수놓는답니다. 깨끗한 환경에서만 사는 늦반딧불이가 월평공원에 있다는 사실, 알고 있었나요?

월평공원과 갑천의 가을, 지금 만나러 가 볼까요?

「월평공원과 갑천의 가을 풍경」 백상구

가을에 만나는 야생 동식물

달뿌리풀

Phragmites japonica Steud.

벼과 | **꽃** 8~9월 | **열매** 9~10월 | **높이** 2m | **종류** 여러해살이풀 | **쓰임** 수질 정화, 해열 · 해독제

갈대와 비슷한데 줄기 속이 비었으며 마디에 짧고 부드러운 털이 있다. 잎은 끝이 바늘처럼 길게 뾰족하며 가장자리가 거칠거칠하고 털이 없다. 꽃은 처음에는 자주색을 띠었다가 뒤에 자줏빛을 띤 갈색으로 바뀐다. 여름철 홍수에 쓸려 내려가도 멈춘 자리에서 다시 뿌리를 내리고 산다.

옛날, 한 가난한 농사꾼의 어린 아들이 갑자기 열병에 걸렸는데 구걸하러 온 거지가 이 풀을 알려 주어 아들을 살렸다고 한다.

갈대와 꽃 모양을 비교해 보자.

주름조개풀

Oplismenus undulatifolius (Ard.) Roem. et Schult.

벼과 | **꽃** 8~9월 | **열매** 10월 | **높이** 10~30cm | **종류** 여러해살이풀 | **쓰임** 소, 양의 먹이

잎 가장자리가 물결 모양이다. 잎은 어긋나기 하며, 달걀 모양으로 끝이 뾰족한데 가장자리에 주름과 털이 있다. 줄기 밑 부분이 옆으로 뻗으면서 뿌리가 내린다. 열매가 익으면 까끄라기(털)에 점액이 생겨 옷과 같은 다른 물체에 잘 붙는다.

열매를 옆 사람의 옷에 붙여 보자.

마타리

Patrinia scabiosaefolia Fisch.

마타리과 | **꽃** 7~9월 | **열매** 9~10월 | **높이** 60~150cm | **종류** 여러해살이풀 | **쓰임** 잎 – 나물, 쌈, 염증, 눈병, 피부병

작고 노란 꽃이 줄기 끝에 수십 개씩 모여 우산 같은 모양으로 피어난다. 잎 가장자리는 톱니 모양이다. 바위에 붙어 자라는 '돌마타리'도 있다. 한약명은 '패장(敗醬)'이라고 하는데, 뿌리에서 마치 콩이 썩는 듯한 냄새가 난다 하여 붙여진 이름이다.

뿌리에 코를 대고 냄새를 맡아 보자.

고마리

Persicaria thunbergii H. Gross

마디풀과 | **꽃** 8~9월 | **열매** 9~10월 | **높이** 70cm | **종류** 덩굴성한해살이풀 | **쓰임** 어린잎 · 줄기 – 나물, 국

잎 모양이 비파형 동검을 닮았는데 잎 가운데 가로로 띠무늬가 있다. 꽃은 봉오리 때는 찹쌀처럼 생긴 별 모양이며 흰색과 분홍색이 있다. 물가의 나쁜 환경에도 불구하고 무성하게 퍼져 나가니 이제 그만 되었다고 '그만이풀'이라고 하던 것이 고마니를 거쳐 고마리로 부르게 되었다고도 한다. 고마리는 수질 정화와 중금속 제거에 도움이 된다.

고마리 꽃과 며느리밑씻개의 꽃 모양을 비교해 보자. 모양이 유사하다.

물봉선

Impatiens textori Miq.

봉선화과 | **꽃** 8~9월 | **열매** 9~10월 | **높이** 60cm | **종류** 한해살이풀 | **쓰임** 잎 · 줄기 – 해독

꽃은 자주색이며 산기슭의 물이 축축한 곳이나 계곡에서 자란다. 줄기는 곧게 서며 털이 없고, 색깔은 홍색을 띠며 마디가 볼록하다. 잎은 달걀 모양에 끝이 뾰족하다. 꽃은 꽃잎이 크고 긴 꿀주머니가 있다. 꽃 색에 따라 흰물봉선과 노랑물봉선이 있다.

물봉선 열매를 살짝 건드려 씨앗이 퍼지는 모양을 관찰해 보자.

구절초

Chrysanthemum zawadskii var. *latilobum* Kitamura

국화과 | **꽃** 9~11월 | **열매** 10~11월 | **높이** 50~100cm | **종류** 여러해살이풀 | **쓰임** 잎 – 위장병, 신경통 / 꽃 – 차

흰색 또는 연분홍색 꽃이 핀다. 잎에서 쑥 같은 냄새가 난다. 잎은 달걀 모양으로 끝이 깊게 파여 있다. 처음 꽃이 필 때는 붉은빛이 강하지만 차차 흰색으로 변한다. 음력 9월 9일에 채취한 꽃줄기가 가장 약효가 좋아서 구절초라고 하며 들국화라고도 한다.

쑥부쟁이와 꽃 모양을 비교해 보자.

도깨비바늘

Bidens bipinnata L.

국화과 | **꽃** 8월 | **열매** 9~10월 | **높이** 25~85cm | **종류** 한해살이풀 | **쓰임** 벌레 물린 데 쓰인다.

줄기가 네모지며 가지가 많이 갈라져 있다. 가지 끝에 노란색 꽃이 핀다. 바늘처럼 생긴 씨의 끝 부분에 4개의 가시 같은 털이 있어서 옷이나 털에 잘 붙는다. 숲길을 가다 보면 모르는 사이에 열매가 달라붙어 있어 생긴 이름이다.

씨앗의 끝부분을 루페로 살펴보고 낚싯바늘처럼 생겼는지를 확인해 본다. 씨앗을 옷에 붙여 본다.

미국가막사리

Bidens frondosa L.

국화과 | **꽃** 8~9월 | **열매** 10~11월 | **높이** 20~150cm | **종류** 한해살이풀 | **쓰임** 진통제, 염색제

줄기가 검은빛이 도는 자주색이며 잎은 칼 모양으로 가장자리가 톱니 모양이다. 가지 끝마다 노란 꽃송이가 1개씩 달리며 모양은 머핀처럼 생겼다. 북아메리카에서 온 귀화식물이다.

줄기의 색을 관찰해 보자. 검붉은 색 줄기는 귀화종이고, 초록색 줄기는 우리나라 가막사리이다. 씨앗을 옷에 붙여 본다.

도꼬마리

Xanthium strumarium L.

국화과 | **꽃** 8~9월 | **열매** 9~10월 | **높이** 1m | **종류** 1년 생 풀 | **쓰임** 도꼬마리풀은 축농증이나 비염에 좋다.

들이나 길가에서 자라며 줄기에 거센 털이 있다. 노란색의 꽃이 핀다. 열매는 대추씨처럼 생겼으며, 겉에 달린 갈고리 같은 가시가 동물의 털에 붙어 열매가 멀리 퍼진다.

체험 노트 도꼬마리 씨앗을 옷에 던져 붙여 본다.

억새

Miscanthus sinensis Anderss.

벼과 | **꽃** 8~9월 | **열매** 9~10월 | **높이** 1~2m | **종류** 여러해살이풀 | **쓰임** 흙 무너짐 방지

산과 들의 풀밭에서 자란다. 잎은 억새고 가장자리에 날카로운 톱니가 있어서 살을 스치면 상처가 난다. 줄기는 둥근 모양이고 약간 굵다. 가을 무렵에 줄기 끝에 부채 모양의 자주색 꽃이 달린다. "으악새 슬피 우는 가을인가요"에 나오는 으악새는 새 종류가 아니라 바로 이 식물의 지방 말이다.

억새가 나는 지역과 갈대가 나는 지역을 구분해 보고 어떤 환경에서 잘 자라는지 이야기해 보자.

갈대

Phragmites cmmunis Trin.

벼과 | **꽃** 8~9월 | **열매** 10월 | **높이** 1~3m | **종류** 여러해살이풀 | **쓰임** 이삭 – 빗자루

습지나 냇가에서 자란다. 줄기는 곧게 서며 속이 비어 있다. 달뿌리풀처럼 자주색의 긴 꽃이 피는데, 술이 훨씬 많다. 털이 달린 씨앗은 바람을 타고 퍼진다. '가늘다' 또는 가을에 꽃이 피어 갈대라고 한다.

억새꽃과 비교해 보자. 억새꽃은 줄기 끝에 매달려 있는 반면, 갈대꽃은 그보다 줄기를 더 많이 차지한다. 갈대피리를 불어 보자.

이질풀

Geranium thunbergii S. et Z.

쥐손이풀과 | **꽃** 6~8월 | **높이** 30~50cm | **종류** 여러해살이풀 | **쓰임** 설사를 멈추게 한다.

줄기에 마주나는 잎은 손바닥처럼 3~5개로 갈라지며 가장자리에 톱니가 있다. 꽃은 분홍색 또는 흰색으로 2~3개 있다. 이질이나 설사를 멈추게 한다고 해서 이질풀이다. 열매는 삭과로서 5개로 갈라져 뒤로 말린다.

참마

Dioscorea japonica Thunb.

마과 | **꽃** 6~7월 | **높이** 30~50cm | **종류** 덩굴성 여러해살이풀 | **쓰임** 덩이뿌리를 식용한다.

다른 줄기를 감고 올라간다. 녹색 줄기에 마주나는 긴 삼각형 잎은 잎자루가 길다. 잎겨드랑이에 생기는 둥근 살눈으로 번식한다. 흰색 꽃이 핀다. 당마, 산약이라고도 한다. 삭과 열매는 3개의 날개가 있다.

체험 노트 참마의 씨방이 조매화인 이유를 알아보자.

땅귀개

Utricularia bifida L.

통발과 | **꽃** 8~9월 | **높이** 7~15cm | **종류** 덩굴성 여러해살이풀

실같이 가는 뿌리줄기가 땅속을 기면서 뻗는다. 벌레잡이주머니가 군데군데 달려서 벌레를 잡는다. 가는 꽃줄기에는 아주 작은 비늘 모양의 잎이 어긋난다. 꽃줄기의 모양이 귀지를 파내는 도구인 귀이개와 비슷하다.

식충 식물에는 무엇이 있는지 살펴보자. 통발과에는 통발, 들통발, 개통발, 이삭귀개, 땅귀개, 자주땅귀개, 벌레잡이제비꽃, 털잡이제비꽃 등 여덟 종류가 있다. 끈끈이주걱과에는 끈끈이귀개, 긴잎끈끈이주걱, 끈끈이주걱, 벌레먹이말 등 네 종류가 있다.

누리장나무

Clerodendrum trichotomum Thunb.

마편초과 | **꽃** 8~9월 | **열매** 10월 | **높이** 2~3m | **종류** 갈잎떨기나무 | **쓰임** 가지 · 뿌리 – 혈압약, 진통제 / 열매 – 물감

가지는 회색을 띤 갈색이고 잎은 끝이 뾰족한 달걀 모양이다. 리본 같은 흰색 꽃을 붉은색의 꽃받침이 받쳐 주고 있다. 푸른색의 열매가 붉은색 꽃받침에 싸여 있는데 목걸이나 반지를 만들고 싶을 만큼 예쁘다. 나무 전체에서 고약한 냄새가 나서 누리장나무 혹은 구릿대나무, 개똥나무라고 한다.

체험 노트 잎을 비벼서 냄새를 맡아 보자.

산초나무

Zanthoxylum schinifolium S. et Z.

운향과 | **꽃** 7~8월 | **열매** 9~10월 | **높이** 1~3m | **종류** 갈잎떨기나무 | **쓰임** 열매 – 향신료, 기침약

줄기에 날카로운 가시가 있으며 잎은 13~21개가 한 묶음이 되어 피어 있다. 자잘한 연노란색 꽃이 모여서 피고 향기가 없다. 잎과 씨앗에서 독특하고 강한 향이 나며 씨앗은 검고 광택이 있다.

잎을 비벼서 어떤 냄새가 나는지 맡아 보자. 가시가 마주 나오는 초피나무와 비교해 보자.

Rhus chinensis Mill.

옻나무과 | **꽃** 8~9월 | **열매** 10월 | **높이** 7m | **종류** 갈잎작은키나무 | **쓰임** 벌레집(오배자) – 한약재, 염색제

잎은 달걀형에 톱니가 있는데 잎줄기마다 날개가 있다. 암그루와 수그루가 따로 있으며 하얀 꽃이 촘촘히 모여 핀다. 작은 포도송이처럼 달리는 열매는, 익으면 짠맛과 신맛이 나는 흰 가루로 덮인다. 가을이 되면 잎은 붉은색으로 물든다.

날개에 돋아나 있는 잎자루를 들여다보자. 진딧물이 기생하여 커다란 혹 같은 벌레집을 만들었는데, 이것을 '오배자'라고 한다.

상수리나무

Quercus acutissima Carruth.

참나무과 | **꽃** 5월 | **열매** 다음 해 10월 | **높이** 20~25m | **종류** 갈잎큰키나무 | **쓰임** 열매 – 묵 / 나무 – 숯, 가구, 버섯 재배

나무껍질은 세로로 불규칙하게 갈라지고, 잎은 길쭉하며 가장자리에 잔 톱니가 있다. 도토리 종류 중 열매가 가장 크며 마을 근처에서 흔히 볼 수 있다. 임진왜란으로 변변한 먹을거리가 없던 시절 도토리묵을 좋아한 선조 임금 덕에 늘 수라상에 올라 '상수라'라고 부르다가 '상수리'가 되었다.

굴참나무와의 차이를 발견해 보자. 상수리나무의 잎 뒷면은 노란 녹색이고 굴참나무는 회백색이다. 상수리나무는 나무껍질이 단단해 손톱으로 누르면 들어가지 않지만 굴참나무는 푹신하다.

굴참나무

Quercus variabilis Bl.

참나무과 | **꽃** 5월 | **열매** 다음 해 10월 | **높이** 25m | **종류** 갈잎큰키나무 | **쓰임** 열매 – 묵 / 나무 – 숯, 목재

잎과 도토리 모양이 상수리나무와 비슷하다. 굴참나무의 가장 큰 특징은 나무껍질이 푹신하고 두꺼운 점이다. 두꺼운 나무껍질이 세로로 깊이 골이 파진다 해서 골참나무로 부르다가 굴참나무로 바뀌었다.

체험 노트 먼저 잎 모양을 관찰해 보고 나무껍질을 손톱으로 눌러 보자.

신갈나무

Quercus mongolica Fisch.

참나무과 | **꽃** 4~5월 | **열매** 9월 | **높이** 20~30m | **종류** 갈잎큰키나무 | **쓰임** 열매 – 식용 / 나무 – 가구

나무껍질은 회색이며 세로로 갈라진다. 잎은 어긋나고 거꾸로 된 달걀형이며 가장자리에 물결무늬의 큰 톱니가 있고 잎자루는 거의 없다. 도토리깍정이 겉면은 비늘 조각이 기와처럼 포개져 있다. 옛날 나무꾼들이 숲속에서 짚신 바닥이 해지면, 잎이 넓은 이 나무의 잎을 짚신 바닥에 깔아 사용했다고 해서 신갈나무이다.

신갈나무 잎으로 얼굴을 가려 보자 몇 장으로 얼굴이 가려지는가?

참나무 이야기

참나무란 모든 나무 중 진짜(참)나무라하여 붙여진 이름이다. 참나무 중에는 껍질이 굵은 굴참나무, 줄기를 갈아 치우는 갈참나무, 짚신의 바닥을 깔았던 신갈나무, 잎과 열매가 제일 작은 졸참나무, 떡을 싸기도 하였던 떡갈나무, 그리고 도토리가 가장 많이 달린 나무로서 도토리로 묵을 임금님 진지상(수라상) 맨 위쪽에 올렸다 하여 불리게 된 상수리나무 등이 있다.

양털이끼

Brachythecium rivulare Schimp.

양털이끼과 | **서식처** 바위나 흙 | **번식기** 11월

양의 털처럼 구불구불하다. 땅이나 바위에 무리 지어 살아간다. 누런색을 띤 녹색이며 약간의 윤기가 있고 줄기는 불규칙하게 기어 나간다.

아파트나 집 주변의 화단에 피어 있는 양털이끼를 찾아보자.

우산이끼

Marchantia polymorpha

우산이끼과 | **서식처** 흙 | **번식기** 10월

갈래갈래 찢어진 우산 모양이다. 음습한 땅에서 잘 자라며 집 근처 화장실 주변에서 많이 자란다. 암그루의 홀씨주머니에서 난자가 떨어져 나오면, 수그루에서 정자를 헤엄쳐 보내 암그루의 난자와 수정하고 새로운 우산이끼가 된다.

집 뒷마당에서 자라고 있는 우산이끼를 찾아보자.

유혈목이

Rhabdophis tigrinus

크기 60~150cm | **출현시기** 5~7월 | **월평공원** 갑천변, 습지주변, 계곡 | **먹이** 개구리, 물고기, 쥐

등 면의 색깔은 녹색 바탕에 검은 무늬가 머리부터 꼬리까지 있다. 특히 목 부근에는 붉은색을 띠고 있다. 지역에 따라 다양한 색이 있다. 하천변에서부터 야산, 계곡, 산 정상 등 다양한 서식지를 가지고 있다. 먹이를 찾아 물 주변에서 많이 발견된다. 6~7월에 8~30개의 알을 낳는다. 먹이는 주로 개구리, 쥐 등을 먹는다.

목 부근에는 무슨 색이 있는지 관찰하여 이야기해 보자.

누룩뱀

Elaphe dione

크기 80~120cm | **출현시기** 5~7월 | **월평공원** 갑천변, 습지주변, 계곡 | **먹이** 개구리, 설치류(쥐)

등의 색깔은 진한 갈색이나 황색 바탕에 붉은 갈색의 반점이 머리부터 꼬리까지 있다. 배는 노란색 바탕에 검은 무늬가 있다. 하천 주변이나 계곡 주변에서 발견되며 대체로 먹이를 찾아 물 주변에 많이 있다. 5~6월에 짝짓기를 하고 6~7월에 6~8개의 알을 낳는다. 먹이는 개구리류, 장지뱀류, 도롱뇽 등을 먹는다.

체험노트 누룩뱀이라고 이름을 붙힌 이유를 알아보자.

큰밀잠자리

Orthetrum melania

잠자리과 | **크기** 배 34~37mm / 뒷날개 37~45mm | **출현시기** 5~10월 | **월평공원** 숲, 습지 | **먹이** 애벌레(수생 생물), 어른벌레(곤충류)

암컷의 몸은 짙은 노란빛이고, 수컷은 회색과 청색이 섞여 있다. 무리를 짓지 않고 따로따로 사는 습성이 있으며 수컷은 한곳에 앉아 끈질기게 짝을 기다린다. 짝짓기를 하고 나면 암컷이 알을 낳는 동안 곁에서 함께 날며 지켜 주는데, 이런 행동을 '산란 경호'라고 한다. 하천변이나 웅덩이보다 주로 숲에 들어가야 쉽게 관찰할 수 있다. 밀잠자리와 마찬가지로 배 끝을 수면에 쳐서 산란한다.

큰밀잠자리와 밀잠자리가 살고 있는 곳을 확인해 보자. 가까운 종이지만 서식지가 크게 다르다. 큰밀잠자리는 주로 숲에 살지만 밀잠자리는 하천변이나 습지 주변에서 관찰된다.

검은다리실베짱이

Phaneroptera nigroantennata

여치과 | **크기** 29~35mm | **출현시기** 7~10월 | **월평공원** 숲, 평지 | **먹이** 꽃잎, 꽃가루, 잎사귀

몸은 녹색이며 실베짱이와 비슷하나 뒷다리의 넓적다리마디에서 발톱까지 까만 것이 다른 점이다. 날개 전체에 작은 검은색 점이 퍼져 있다. 가을철에 풀밭에서 쉽게 볼 수 있다. 더듬이가 실처럼 가늘고 길며 뒷다리의 검은색 때문에 이름 지어졌다.

가을밤에 들리는 풀벌레 소리 중 "지, 지, 찌, 찌이" 하고 우는 검은다리실베짱이의 소리를 잘 들어보자. 보지 않고 소리로 찾을 수 있다.

베짱이

Hexacentrus japonicus

여치과 | **크기** 25~35mm | **출현시기** 8~10월 | **월평공원** 숲길 가장자리, 풀밭 | **먹이** 작은 곤충

몸은 녹색이고 뒷머리에 짙은 갈색 무늬가 있으며 테두리는 노란색이다. 수컷의 앞날개는 넓적한 잎사귀 모양이지만 암컷은 좁고 가늘다. 다리에 날카로운 가시들이 있는데, 먹이를 사냥할 때 쓴다. 앞다리 종아리에 청각기관인 고막이 있다. 베짱이의 행동이 마치 '베를 짜는 것'과 비슷하여 이름이 지어졌다.

가을밤, 베짱이의 독특한 울음소리를 들어보자. "스잇~ 쫑" 하고 운다.

톱다리개미허리노린재

Riptortus clavatus

호리허리노린재과 | **크기** 14~27mm | **출현시기** 3~11월 | **월평공원** 경작지 일대 | **먹이** 콩, 팥, 보리

몸은 짙은 갈색으로 구릿빛 광택이 난다. 뒷다리 허벅마디는 톱날 같은 가시가 있고, 허리는 개미처럼 잘록하다. 애벌레의 생김새는 개미와 비슷하게 '의태'를 하고 있다. 톱과 같이 날카로운 가시에, 개미처럼 얇은 허리를 가지고 있다고 하여 이름이 지어졌다. 주로 논과 밭의 두렁에 심겨 있는 콩에 많이 모인다.

가시가 난 뒷다리 허벅마디와 가늘고 긴 허리를 관찰해 보자. 이 생김새를 보고 이름을 지었다.

늦반딧불이

Lychnuris rufa

반딧불이과 | **크기** 8~10mm | **출현시기** 8~10월 | **월평공원** 숲의 가장자리와 천변이 만나는 곳 | **먹이** 육상달팽이 | **사진 오홍식**

우리나라에 사는 반딧불이 중에 몸집이 가장 크다. 수컷과 암컷의 생김새가 확연히 다른데, 수컷은 머리가 주황색이고 날개가 검은색으로 딱딱한 옷을 입고 있는 반면, 암컷은 살색의 통통한 새우살 같으며 날개가 없다. 배의 끝 두 마디에는 빛을 발산하는 발광기가 있는데 이 빛으로 암컷과 수컷은 사랑의 신호를 주고받는다. 반딧불이 중 가장 늦게 나타난다고 하여 이름이 지어졌다. 애벌레는 습기가 많은 숲에서 육상달팽이류를 잡아먹는다.

초록색 불빛이 비치는 배를 만져 보자. 불빛이 비쳐 따뜻할 것 같은데 오히려 차갑다.

왕빗살방아벌레

Pectocera fortunei

방아벌레과 | **크기** 30~35mm | **출현시기** 5~8월 | **월평공원** 숲의 가장자리 | **먹이** 작은 곤충류

몸은 흑갈색이며 몸 전체에 작은 흰 털이 나 있다. 뒤집어 놓으면 위로 튀어 오르며 수컷의 더듬이가 멋진 빗살 모양을 하고 있어 이름이 지어졌다. 주로 숲의 가장자리 작은키나무나 풀에서 쉬고 있는 것이 쉽게 관찰된다.

이 녀석을 손바닥 위에 뒤집어서 올려놓아 보자. "딱" 하고 가슴을 튕겨 공중돌기 한 후, 몸을 제자리로 뒤집는다.

줄점팔랑나비

Parnara guttatus

팔랑나비과 | **크기** 날개 편 길이 34~40mm | **출현시기** 5~10월 | **월평공원** 전 지역 | **먹이** 벼과 식물

팔랑나비류 중 가장 흔한 종류이다. 날개 윗면은 짙은 갈색으로 크며, 작은 흰점이 7~8개 있다. 팔랑나비류는 모두 머리와 몸이 날개에 비해 매우 크다. 주로 숲과 천변을 팔랑거리며 날아다닌다 하여 이름이 지어졌으며 줄점팔랑나비는 뒷날개에 흰무늬가 줄지어 있다 하여 이름이 붙여졌다. 애벌레의 먹이는 벼, 강아지풀, 참억새 등의 벼과 식물로 종종 벼에 큰 피해를 주기도 한다.

팔랑나비과의 나비는 나는 모습이 까부는 것처럼 날개를 팔랑거린다고 하여 이름 붙여졌다. 실제로 나는 모습이 그러한지 관찰해 보자.

작은멋쟁이나비

Vanessa cardui

네발나비과 | **크기** 40~55mm | **출현시기** 4~10월 | **월평공원** 갑천변, 초지대 | **먹이** 코스모스

날개 윗면은 검은색 바탕에 주황색과 흰색의 무늬가 있으며, 날개 뒷면은 갈색과 주황색 무늬가 있다. 날개 뒷면에는 큰 새 눈 모양과 같은 점이 2개 있는데 이것은 천적으로부터 스스로를 보호하기 위한 것이다. 우엉,사철쑥 등 국화과 식물의 잎 뒤에 1개씩 알을 낳는다.

이 나비의 날개 윗면과 아랫면을 잘 관찰해 보자. 멋쟁이처럼 무늬가 화려한지.

강하루살이

Rhoenanthus Coreanus

강하루살이과 | **크기** 30mm 내외 | **출현시기** 4~8월 | **월평공원** 하천 | **생활방식** 물속(알 · 애벌레) 및 육상(어른벌레) 생활

몸은 갈색 또는 연한 갈색이고, 큰턱돌출기는 머리 앞쪽으로 길게 뻗어 있는 것이 특징이다. 바위나 돌에 붙어서 부착조류나 유기물 등을 주워 먹는다. 유속이 완만한 여울 및 수변부를 선호하며, 주로 여울부 돌 틈을 기어다닌다. 위협을 느끼거나, 빠르게 이동시 배마디와 꼬리를 상하로 흔들어 이동한다. 수질이 양호한 곳에 서식하며, 한반도 고유종 및 국외반출승인 종으로 지정 · 관리하고 있다.

네점하루살이

Ecdyonurus levis

납작하루살이과 | **크기** 10mm 내외 | **출현시기** 1년 내내 | **월평공원** 계곡, 하천 | **생활방식** 물속(알 · 애벌레) 및 육상(어른벌레) 생활

몸은 갈색 또는 어두운 갈색을 띠며, 몸 전체에 밝은 무늬가 산재한다. 머리 앞쪽 가장자리에 작은 점이 두 쌍이 있으며, 제5, 8, 9배마디 윗면에 밝은 가로 무늬가 뚜렷하다. 돌 표면을 기어 다니며, 부착조류 및 유기물 등을 긁어 먹는다. 몸은 매우 납작하여 돌 표면에 납작하게 붙어 있을 수 있어 여울에 서식한다. 꼬리는 애벌레 시기에는 세 줄이나 어른벌레가 되면 두 줄로 된다. 또한 몸이 매우 연하며, 비행력도 약해 서식지를 크게 벗어나지 못한다.

해가 지기 전 하루살이들의 군무를 관찰해 보고, 무리지어 날아다니며 춤을 추는 이유를 알아보자.

돌거머리

Erpobdella lineata

돌거머리과 | **크기** 60~70mm 내외 | **출현시기** 1년 내내 | **월평공원** 하천 | **생활방식** 물속 생활

눈은 네 쌍으로 어두운 갈색이나 변이가 나타난다. 몸 윗면 중앙에 색소선이 두 줄로 발달해 엷은 갈색 띠가 있는 것처럼 보인다. 수서동물의 체액과 살을 빨아 먹는다. 일반적으로 피를 빨 때에는 자신의 몸무게보다 2~5배 정도의 많은 피를 빨아들일 수 있다. 헤엄을 치기보다는 기어 다니는 것이 익숙하며, 뱀이 허물을 벗듯이 만들어 낸 알집을 물속의 돌에 붙여 놓는다.

다른 거머리류들과 함께 수영을 시켜보자.

노란측범잠자리

Lamelligomphus ringens

측범잠자리과 | **크기** 26mm 내외 | **출현시기** 1년 내내 | **월평공원** 계곡, 하천 | **생활방식** 물속(알 · 애벌레) 및 육상(어른벌레) 생활

몸은 긴 타원형의 밝은 노란색을 띠고 있다. 더듬이의 제3마디가 자루 모양이며, 좌우에 강모가 많다. 날개주머니는 八자형으로 열려 있고, 배마디의 정중앙선 좌우에 한 쌍의 점무늬가 있다. 작은 수서동물을 잡아먹는다. 유수역에 주로 서식하며, 유속이 느린 여울의 돌 틈이나 모래로 이루어진 수변 지역에 굴을 파고 숨는다. 위협을 느끼면 꼬리에 있는 뾰족한 부속지를 추켜세우는 행동을 한다. 국외반출승인대상종으로 지정 · 관리하고 있다.

두점박이좀잠자리

Sympetrum eroticum

잠자리과 | **크기** 15~17mm 내외 | **출현시기** 1년 내내 | **월평공원** 습지 | **생활방식** 물속(알 · 애벌레) 및 육상(어른벌레) 생활

머리는 오각형이며, 몸은 긴 타원형의 밝은 갈색이다. 기어 다니거나 헤엄치며, 작은 수생동물을 잡아먹는다. 웅덩이, 연못 등 정수역과 평지하천 등 유수역의 식생이 풍부한 수변부에 주로 서식한다. 우화는 거꾸로 매달린 채 우화한다.

성충을 잡아 이마에 있는 한 쌍의 흑색 점을 확인해 보자.

Bubulcus ibis

백로과 | **구분** 여름 철새 | **번식기** 4~8월 | **월평공원** 갑천과 주변 농경지 | **울음소리** '끼약, 끼약'

부리는 끝부분이 노란색, 기부 쪽이 붉은색을 띠며 머리부터 가슴 부분까지 황색의 깃을 가지며 번식이 끝나면 황색 깃이 없어진다. 쇠백로보다 크기가 작고 부리가 짧고 두꺼운 편이다. 먹이는 곤충, 물고기, 개구리 등 육식성이다.

9월부터 논둑이나 천변의 수풀이 우거진 곳에서 벌레를 잡아먹고 있는 것을 찾아보자.

왜가리

Ardea cinerea

백로과 | **구분** 여름 철새 | **번식기** 3~7월 | **월평공원** 갑천변 | **울음소리** '꺅, 꺅'

머리꼭대기는 흰색이며 눈 위에서 뒷머리까지 검은색 댕기깃이 있다. 비행할 때 검은색과 회색의 날개깃이 대조적이다. 우리나라에서 번식하는 가장 큰 여름 철새이다. 높은 나무에 나뭇가지로 집을 짓는다. 물고기와 개구리, 뱀, 들쥐, 곤충 등을 먹는다.

번식기의 부리 색깔과 비번식기의 색깔을 구분해 보자. 번식기는 핑크색이고 비번식기엔 노란색이다.

중대백로

Ardea alba modesta

백로 | **구분** 여름 철새 | **번식기** 7~8월 | **월평공원** 갑천변 | **울음소리** '꺄르륵, 꺄르륵'

부리는 검은색이고 눈은 노란색이며 등에 장식깃이 있다. 왜가리보다 크기가 조금 작다. 나뭇가지를 이용해 둥지를 만들고 다른 백로류나 해오라기류와 함께 집단생활을 하며 번식한다. 물고기, 개구리, 들쥐, 곤충 등을 먹는다.

체험 노트 갑천에 있는 중대백로와 쇠백로를 구분해 보자.

쇠백로

Egretta garzetta

백로과 | **구분** 여름 철새 | **번식기** 4~8월 | **월평공원** 갑천

부리는 가늘고 검은색이고, 다리는 검은색이나 발은 노란색이다. 머리에 장식깃이 두 가닥 있는데 이를 '관우'라고 한다. 크기는 백로 가운데 가장 작아서 쇠백로라 한다. 여름 철새이면서 텃새이기도 하다. 먹이는 중대백로와 비슷하다.

발에 노란 양말을 신고 있는 쇠백로를 찾아보자.

때까치

Lanius bucephalus

때까치과 | **구분** 텃새 | **번식기** 4~7월 | **월평공원** 야산과 천변 수풀 | **울음소리** '깩깩, 깩깩깩~'

수컷의 머리는 흐린 적갈색을 띠고 검은색의 눈선을 갖는다. 날개깃이 검은색을 가지며 흰색 반점을 갖는다. 암수 모두 머리가 크고 꼬리가 길다. 암컷은 눈선이 없고 갈색을 가지며 가슴과 배 부분에 비늘무늬가 잘 보인다. 곤충류, 개구리, 뱀 등 동물성 먹이를 먹는다.

개방된 장소를 좋아하고 나무꼭대기, 전깃줄 등에 앉아서 시끄럽게 울부짖으며 먹이를 잡기 위해 높은 곳에서 먹이를 탐색하는 것을 볼 수 있다.

어치

Garrulus glandarius

까마귀과 | **구분** 텃새 | **번식기** 4~6월 | **월평공원** 낙엽활엽수림 | **울음소리** '과악, 과악'

날아갈 때 허리와 날개의 흰 점이 뚜렷하게 보이는 산새이다. 머리와 가슴은 적갈색, 등은 회갈색이며 파랑색 광택의 독특한 윗날개에는 검은 줄무늬가 있다. 높은 나뭇가지 위에 오목한 둥지를 튼다. 다른 새의 알과 새끼, 양서류, 열매 등을 먹는다. 가을에 열매 등을 나무 틈이나 나무 밑에 숨겨 놓지만 다시 찾아 먹는 확률이 낮다.

몸이 크고 뚱뚱한 산 까치인 어치를 월평공원에서 찾아보자.

물까치

Cyanopica cyanus

까마귀과 | **구분** 텃새 | **번식기** 5~7월 | **월평공원** 계곡 | **울음소리** '휘휘휘휘휘휙 휘휘휘휙~, 구이~구이', '곽~곽~'

머리와 다리는 검은색이고, 등 · 날개 · 꼬리는 회색을 띤 청색이다. 꼬리 끝은 흰색이며 등과 배는 회색이다. 산간 계곡에서 무리지어 날아다닌다. 물고기와 곤충, 옥수수, 감자, 열매 등을 먹는다.

체험 노트 몸이 길고 날씬한 물까치를 숲속 계곡에서 찾아보자.

붉은머리오목눈이

Paradoxornis webbianus

꼬리치레과 | **구분** 텃새 | **번식기** 4~7월 | **월평공원** 갈대숲 | **울음소리** '비, 비, 비'

흔히 뱁새라고 한다. 몸의 윗면은 붉고 아랫면은 누런 갈색이다. 부리는 짧고 굵으며 꼬리는 길다. 동작이 재빠르고 움직일 때 긴 꽁지를 좌우로 쓸 듯이 흔드는 버릇이 있다. 울타리나 갈대밭 속에서 풀이나 거미줄을 이용해서 밥그릇처럼 오목한 집을 짓고 산다. 작은 곤충이나 나무 열매, 갈대 종자 등을 먹는다.

갈대숲에서 요란스럽게 울어 대는 녀석의 소리를 잘 들어보자.

생태체험 프로그램

생태계의 작고도 큰 연결 고리, 곤충 관찰하기

1. 곤충 관찰하기

곤충 관찰은 자연과 생태계 전체를 관찰하는 것입니다. 먹이 사슬에서 곤충은 식물과 동물의 연결 고리 역할을 하지요. 많은 곤충이 식물을 먹이로 삼고, 자신은 포식 동물의 먹이가 되기 때문입니다. 또 곤충은 자연을 정화하고 비옥하게 합니다. 자연에서 도태된 생물을 분해해 자연의 거름으로 되돌려 주는 것이지요. 이런 과정을 살피다 보면 생태계의 순환과정을 이해할 수 있답니다.

작은 곤충을 발견하고, 재미있고 지혜로운 생태를 하나씩 알아 가는 과정은 무척 즐겁습니다. 게다가 자연에 없어서는 안 될 존재의 가치까지 알고 나면 분명 고마움을 느낄 거예요.

2. 관찰 준비물

맨손으로 아무 준비 없이 떠나도 좋아요. 그저 눈으로 관찰하며 구경 삼아 즐겁게 산책하듯 하면 됩니다. 좀 더 세심하게 준비한다면 찾아갈 장소를 생각해서 꼭 필요한 것들만 간단하게 챙깁시다. 짐이 무거워 관찰에 오히려 방해가 될 수 있으니까요.

잠자리채, 필기도구, 돋보기, 채집통, 카메라, 도감, 비닐 봉투, 장갑, 핀셋, 손전등, 간단한 구급약, 손수건, 간식, 물

3.곤충 관찰 시 주의사항

① 넘어지지 않도록 주의하자

곤충을 찾아 두리번거리다 보면 발밑을 살피지 못해 넘어질 때가 많아요. 나뭇등걸이나 웅덩이, 돌부리 등을 살펴봐요. 특히 계곡 옆을 걸을 때면 미끄러지지 않도록 조심해야 합니다.

② 위험한 지역에 들어가지 말자

'낙석위험', '지뢰', '추락위험', '수영금지' 등 위험을 알리는 표지판이 있는 곳에는 절대 들어가면 안 돼요. 산림 휴식 등을 위해 출입을 관리하는 자연 보호구역에도 들어가면 안 됩니다.

③ 독이 있는 동물을 주의하자

뱀, 거미, 쏘거나 독을 뿜는 곤충을 주의합시다. 독이 있는 동물은 위험을 느낄 때만 공격하므로 괴롭히지 말고 살며시 피해 가야 해요.

④ 옷차림은 간편하게

늘 입던 편한 옷이면 좋아요. 좀 신경을 쓴다면 가시에 긁히지 않도록 긴 바지와 긴 소매 옷을 입는 것이 좋지요. 햇볕에 쉽게 지치지 않도록 모자는 꼭 쓰고, 급할 땐 모자를 벗어 채집할 수도 있답니다. 신발은 발목과 다리의 피로가 덜한 운동화나 발목까지 올라오는 등산화가 좋아요.

4. 재미있고 쉬운 곤충 관찰과 채집 방법

① 손으로 잡기

채집이 어려운 것만은 아니에요. 도망가지 않거나 위험하지 않은 곤충은 손으로 직접 잡아 보는 것도 좋아요.

② 낚아채기

잠자리채로 날아가는 곤충을 채어 잡아요. 날아가는 방향으로 뒤쫓으며 잡는 것이 좋지만, 곤충이 꽃이나 가지 끝에 앉아 있으면 몰래 다가가서 낚아채는 것이 쉽습니다.

③ 훑어 잡기

잠자리채로 보이는 곤충만 잡는 것은 아니에요. 풀잎이나 나뭇잎 뒤에 숨어 있는 곤충들은 눈에 잘 띄지 않아요. 잠자리채로 풀숲을 쓸듯이 훑어 봅시다.

④ 털어 잡기

꽃에는 많은 곤충이 모여들어요. 눈에 보이는 것 말고도 꽃봉오리 속으로 파고들었거나 깊숙한 곳의 가지에 앉아 있는 것들도 많답니다. 가져간 손수건이나 넓은 종이 등 아무것이라도 밑에 대고 꽃나무를 털어 봅시다.

⑤ 불빛에서 찾기

불빛을 밝혀 유인하기도 하지만 그럴 필요 없이 불이 켜진 곳을 찾아가면 되요. 가로등이나 집 주위의 보안등 빛을 살펴보면 많은 곤충들이 모여 있습니다.

⑥ 뜰채로 뜨기

뜰채로 연못이나 냇가의 바닥을 긁어 수서곤충을 채집합니다. 뜰채가 없다면 잠자리채로 연못 바닥을 훑어도 됩니다.

⑦ 함정을 만들기

밤에 나와 활동하는 곤충은 찾기 어려워요. 종이컵에 먹이를 넣고 땅이나 낙엽에 박아 둬 보세요. 딱정벌레, 송장벌레 등 야행성 곤충들이 컵에 빠집니다. 먹이는 이것저것 넣어 보고, 어떤 먹이를 썼을 때 어떤 곤충이 오는지 살펴보아요.

⑧ 나무껍질을 벗겨 보자

나무껍질 속에는 많은 벌레들이 숨어 있어요. 안전한 곳이라 숨기에 적당하고, 겨울에는 찬바람을 피하기에 좋습니다.

⑨ 나무의 진을 살펴보자

나무의 상처 난 곳에서 흐르는 진에는 밤낮으로 곤충들이 모여들지요. 낮에는 나비나 풍뎅이가 많고, 밤에는 사슴벌레와 바구미, 나방 등이 진을 빨아 먹어요.

생태체험 프로그램

자연에서 찾는 이유 있는 빛깔

1. 보호색을 찾아라!

곤충들은 적으로부터 자신을 보호하기 위하여 여러 가지 변신을 합니다. 죽은 척하는 '의태'에서부터 몸의 색깔을 바꾸는 '보호색'까지, 다양하게 적의 눈을 피합니다. 이처럼 자연에서 곤충들은 주로 어떠한 색깔을 가지고 있고 또 그 색이 얼마나 중요한 것인지 체험해 봅시다.

준비물 빨강, 파랑, 노랑, 분홍, 녹색, 나무색 이쑤시개 50개

장소 월평공원 풀밭

1. 놀이를 이끄는 사람이 먼저 3X4m정도의 공간에 50개의 이쑤시개를 퍼뜨려 놓습니다. 단, 풀 위로 보이지 않도록 이쑤시개를 놓습니다.
2. 서너 명의 아이들이 벌레(이쑤시개)를 찾는 새 흉내를 내도록 합니다.
3. 5분의 시간을 주고 얼마나 많이 찾는지 봅니다.
4. 잡아온 벌레를 펼쳐 놓고 가장 많이 잡힌 색깔의 이쑤시개와 가정 적게 잡힌 색깔의 이쑤시개를 골라 봅니다.
5. 결과를 가지고 여러 가지 토론을 해 봅니다.
   - 왜 녹색이나 나무색 이쑤시개는 더 적게 발견되었을까요?
   - 어떤 색의 벌레가 새들로부터 안전할까요?
   - 자연에서 색깔은 얼마나 중요한가요?

2. 나뭇잎 카드놀이

나뭇잎 카드놀이는 나무에 대한 관심을 높이고 나무 이름을 쉽게 외울 수 있는 놀이입니다. 가을에 볼 수 있는 여러 가지 단풍을 더 자세하게 보고, 참나무의 종류도 쉽게 구분할 수 있습니다.

준비물 10X15cm 크기의 도화지 카드, 테이프, 풀, 가위, 필기도구

장소 월평공원 숲속

① 먼저 네다섯 명씩 한 조를 이룹니다.

② 월평공원 숲속에 들어가 바닥에 떨어져 있는 여러 종류의 나뭇잎을 줍습니다. 이때, 나무 전체의 특징도 함께 관찰하고 열매나 꽃이 있으면 생김새를 기록합니다.

③ 주워 온 나뭇잎을 도화지에 하나씩 붙이면, 나뭇잎 카드 완성!

④ 각 조별로 카드에 있는 나뭇잎의 특징을 발표합니다.

⑤ 선생님은 아이들이 발표한 각각의 나뭇잎의 특징을 다시 확인해 줍니다. 하나하나 개성 있는 나뭇잎을 가지고 어떤 나무인지 알 수 있게 이야기해 줍니다.

4장

겨울

겨울에 만나는 야생 동식물

생태체험 프로그램

월평공원과 갑천의 겨울,
지금 만나러 가 볼까요?

월평공원에는 겨울을 나기 위해 날아온 겨울 철새와 땅속에서 깊이 잠든 개구리들, 봄에 피워 낼 새순을 만들고 있는 꽃과 나무들, 썩은 나무 속에서 열심히 살을 찌우는 애벌레들이 쉬지 않고 살아가고 있습니다. 개망초나 민들레도 겨울을 나기 위해 사람의 종아리만큼이나 오던 키를 낮추고, 땅바닥에 달라붙어 있답니다. 방석처럼 넓게 펴져 체온을 줄이는 것이지요.

잎이 진 나무를 보면 딿은 머리 모양으로 길쭉하게 생긴 윤이끼가 윤기를 내고 있고, 새의 깃털처럼 생긴 털깃털이끼가 바위 위에 붙어서 씨를 날리고 있답니다. 습지로 가면 나뭇잎을 뒤집어쓰고 겨울잠을 자고 있는 물자라를 발견할 수 있어요. 더 많은 수중생물들이 겨울잠을 자거나, 아니면 먹이를 찾아 열심히 움직이고 있겠지요.

갑천에는 노란 부리에 초록색 머리를 가지고 있는 청둥오리가 열심히 헤엄치고 있고, 빰이 하얀 흰빰검둥오리도 먹이를 찾느라 분주한 하루를 보내고 있지요. 월평공원에서 조금 더 내려가면 천연기념물인 큰고니 한 가족이 와 있어요. 황조롱이도 월평공원을 대표하는 천연기념물인데요, 새나 들쥐를 잡아먹으려고 상공 위를 날아다닌답니다.

겨울 숲에 들어가면 발아래에서 부서지는 낙엽소리를 들을 수 있어요. 사시사철 잎이 푸른 소나무는 겨울에도 우리를 반갑게 맞아 주지요. 생강나무와 찔레꽃, 참나무들도 멋진 꽃과 잎을 피워 내기 위해 분주히 새순을 만들고 있어요.

눈이 내리는 월평공원을 상상해 보았나요? 나무 위에는 하얀 눈꽃이 피어나고 철새들은 날개 위에 떨어진 눈송이들을 털어 내느라 바쁘겠지요. 개구리와 뱀도 눈이 오는 소리를 들으면서 땅속에서 고요한 잠을 자고 있답니다.

월평공원과 갑천의 겨울, 지금 만나러 가 볼까요?

「월평공원과 갑천의 겨울 풍경」 백상구

겨울에 만나는
야생 동식물

식물류

선태류

조류

소나무

Pinus densiflora S. et Z.

소나무과 | **꽃** 5월 | **열매** 다음 해 9~10월 | **높이** 30m | **종류** 늘 푸른 바늘잎나무 | **쓰임** 나무 – 종이, 땔감 / 솔잎 · 송홧가루 – 송편, 다식

나무껍질은 세로로 깊게 갈라지며 바늘 같은 잎은 2개가 한 묶음이 되어 촘촘히 붙어 있다. 솔방울 열매는 그 조각이 70~100개로 익으면 조각조각 벌어지면서 날개 달린 씨가 나온다. 겨울눈은 적갈색이다. 한국의 나무 중 가장 많고, 장수를 상징하는 십장생(十長生)의 하나로 여겨 왔다.

적송(우리나라 소나무)과 리기다(일본산 소나무)를 구분해 보자. 적송은 잎이 2개이고, 리기다는 잎이 3개이다.

잣나무

Pinus koraiensis S. et Z.

소나무과 | **꽃** 5월 | **열매** 다음 해 10월 | **높이** 30m | **종류** 늘 푸른 바늘잎나무 | **쓰임** 종자(씨)를 식용

산지에 자라지만 심기도 하며 300~500년 정도 자란다. 나무껍질은 암갈색이며 바늘 같은 잎은 5개가 한 묶음이 되어 촘촘히 붙어 있다. 솔방울 열매는 익으면 조각조각 벌어지면서 그 안에 씨가 나오는데 그것을 잣씨라고 하며 먹는다. 나무 속이 연한 홍색이므로 홍송이라고도 한다.

잣나무와 소나무를 구분해 보자. 적송(소나무)은 잎이 2개이고, 잣나무는 잎이 5개이다.

리기다소나무

Pinus rigida Mill.

소나무과 | **꽃** 5월 | **열매** 다음 해 9월 | **높이** 25m | **종류** 늘 푸른 바늘잎나무 | **쓰임** 사방조림용으로 식재

나무껍질은 적갈색이며 세로로 깊게 갈라지고 바늘 같은 잎은 3개 또는 4개가 한 묶음이 되어 촘촘히 붙어 있다. 솔방울 열매는 오랫동안 가지에 달려 있다. 건조한 곳이나 습지에서도 잘 자라므로 사방조림용으로 주로 심었다.

체험 노트 소나무, 잣나무, 리기다소나무의 잎을 세어서 구분해 보자.

곰솔

Pinus thunbergii Parl.

소나무과 | **꽃** 5월 | **열매** 다음 해 9월 | **높이** 20m | **종류** 늘 푸른 바늘잎나무

나무껍질은 흑갈색으로 바늘 같은 잎은 2개가 한 묶음이 되어 촘촘히 붙어 있다. 겨울눈은 백색이다. 솔방울 열매는 그 조각이 50~60개로 익으면 조각 조각 벌어지면서 날개 달린 씨가 나온다. 주로 바닷가에 많으며 잘 자란다.

적송(소나무)과 해송(곰솔)의 겨울눈을 관찰해 보자.

윤이끼

Entodon luridus (Griff) A.Jaeger

윤이끼과 | **서식처** 나무 | **번식기** 1월

활엽수의 줄기 아랫부분에 집단적으로 모여서 산다. 녹색이거나 황색 또는 노란 갈색을 띤다. 땋은 머리 모양으로 길쭉하게 생겼다. 윤기가 있어서 윤이끼라고 부른다.

나무 밑동이나 바위, 흙, 물가에서 윤을 내고 있는 윤이끼를 찾아보자.

털깃털이끼

Hypnum plumaeforme Wilson

털깃털이끼과 | **서식처** 바위 | **번식기** 1월

털이나 새의 깃털처럼 가늘고 길게 생겼다. 누런 녹색 또는 푸른 갈색을 띤다. 줄기는 대부분 기어 다니고, 불규칙하게 갈라지거나 또는 매우 규칙적으로 갈라진다. 가끔 윤기가 나는 경우도 있다.

털깃털이끼는 인삼을 담은 상자나 분재 밑에 많이 깔려 있다. 깃털과 비슷하게 생겼는지 자세히 들여다보자.

무성아실이끼

Hypnum subhumile Mull. Hal

무성아실이끼과 | **서식처** 나무 | **번식기** 2월

녹색 또는 누런 녹색을 띤다. 줄기는 땅을 기거나 위쪽으로 뻗으며, 깃털 모양으로 갈라진다. '무성아'는 새로운 이끼가 되려고 본래의 몸에서 나온 포자를 말하는데, 무성아실이끼는 잎 사이에 '무성아'가 있다.

체험노트 썩은 나무나 바위, 흙 위에서 얇게 퍼져 나가는 무성아실이끼를 찾아보자.

큰고니

Cygnus cygnus

오리과 | **구분** 겨울 철새 | **번식기** 5~7월 | **서식처** 탑립돌보* | **울음소리** '호, 호, 홋호' | **지정** 천연기념물 제201-2호, 멸종위기야생동물 II급

날개 길이가 140cm로 몸 전체가 흰색이며 부리 끝과 다리는 검은색이다. 부리와 눈 사이가 선명한 노란색이다. 몸을 꼿꼿하게 세우고 헤엄친다. 회갈색을 띠는 것은 새끼이며 다 자란 새는 흰색이다. 우리가 알고 있는 백조가 바로 고니이다. 초식성으로 식물의 열매나 뿌리를 먹는다.

***탑립돌보** 월평공원에서 갑천 하류 쪽으로 8km 정도 거리에 위치. 원촌교를 지나 원촌동하수종말처리장 앞이다.

땅 속에 머리를 파묻고 나무의 뿌리를 뜯어 먹는 녀석을 잘 찾아보자.

원앙

Aix galericulata

오리과 | **구분** 텃새 | **번식기** 4~7월 | **월평공원** 갑천과 주변 | **지정** 천연기념물 제827호

수컷은 전체적으로 색이 화려하고 날개에 은행잎 모양의 깃이 있다. 부리는 붉은색이며 털갈이 시기에도 붉은색을 띤다. 암컷은 짙은 갈색, 밤색 등의 색을 가지며 부리색은 검은색을 띤다. 먹이는 씨앗, 도토리, 수서곤충, 물고기 등 잡식성이다. 주로 나무 구멍에 둥지를 만든다.

인적이 드문 산 아래 물가나 나무에 앉아 휴식을 취하는 원앙을 찾아보자.

청둥오리

Anas platyrhynchos

오리과 | **구분** 겨울 철새 | **번식기** 4~7월 | **월평공원** 갑천 | **울음소리** '꽥~ 꽥꽥꽤'

수컷은 부리는 노란색이고 머리는 광택이 나는 녹색이다. 가슴은 갈색인데, 머리와 가슴 사이에 흰색의 고리가 있다. 날개 끝에 검은색 깃은 또르르 말려 있다.

암컷은 주황색의 부리에 검은 반점이 있고 몸이 갈색이다. 집오리의 원조이고 우리나라에 가장 흔한 겨울 철새이다.

수컷의 날개 끝에 있는 검은색 깃이 파마한 모양처럼 구부러져 있다. 그 부분을 잘 살펴보자.

흰뺨검둥오리

Anas poecilorhyncha

오리과 | **구분** 텃새 | **번식기** 4~7월 | **월평공원** 갑천 | **울음소리** '꽥~ 꽥꽥꽤'(청둥오리보다 낮은 소리)

흰색 뺨을 제외한 몸 전체가 갈색이다. 검은색 부리 끝에는 노란색 점이 있으며 다리는 오렌지색이다. 날아갈 때 날개 윗면은 검은색이고 날개 뒷면은 흰색으로 뚜렷이 구분된다. 예전에는 겨울 철새였으나 현재는 전국에서 흔하게 볼 수 있다.

부리 끝에 노란 점을 찾아보자.

고방오리

Anas acuta

오리과 | **구분** 겨울 철새 | **번식기** 5~7월 | **서식처** 탑립돌보

다른 오리에 비해 목이 길고 가늘게 보이며 꼬리는 암수 모두 뾰족하다. 수컷은 머리에서 뒷목까지 어두운 밤색이고 앞 목과 가슴 사이의 흰색 띠가 있다. 초식성으로 작은 낟알, 수생식물의 뿌리 등을 먹는다.

물에다 긴 목을 담그고 물구나무서서 먹이를 찾고 있는 고방오리를 찾아보자.

쇠오리

Anas crecca

오리과 | **번식기** 5~8월 | **서식처** 3대하천 전역 | **울음소리** 금속성의 소리

몸길이 약 35cm의 소형 오리이다. 멀리서 보면 수컷은 얼핏 밤색 머리를 한 소형 회색오리로 보인다. 이마와 정수리 · 뒷머리는 붉은 갈색이고, 보랏빛 광택이 나는 짙은 녹색 선이 눈 주위에서 뒷목으로 이어진다. 아래꼬리덮깃 양쪽에는 삼각형의 크림색 얼룩점이 뚜렷하며, 날 때에는 날개의 흰색 줄무늬가 돋보인다. 암컷의 몸 빛깔은 전체적으로 얼룩진 갈색이다. 물이 괸 곳이나 하천 · 호수 · 늪 · 하구 · 바다에 살면서 낮에는 호수 · 바다 · 간척지 · 강변 등 안전한 곳에서 무리를 지어 쉰다.

체험노트 꼬리덮깃의 삼각형 무늬와 수컷의 얼굴에 태극무늬를 관찰해 보자.

댕기흰죽지

Aythya fuligula

오리과 | **구분** 겨울 철새 | **번식기** 4~7월 | **서식처** 탑립돌보

머리에 검은색 댕기가 달려 있다. 눈은 노란색이고 부리는 회색인데, 부리 끝에는 검은 점이 있다. 수컷은 옆구리가 흰색인데, 암컷은 옆구리가 갈색이다. 배와 날개 일부를 제외하고는 모두 검은색이다. 몸이 둥글고 다리가 몸 뒤쪽에 치우쳐 있어 날 때 수면 위를 뛰면서 날아올라 빠른 날갯짓을 한다.

먹이를 찾기 위해 잠수하는 모습을 살펴보자. 깊게는 3m까지 잠수하기도 한다.

비오리
Mergus merganser

오리과 | **구분** 겨울 철새 | **번식기** 5~7월 | **서식처** 탑립돌보

붉은색의 부리 끝에는 검은 점이 있고, 가늘고 긴 부리의 끝은 아래로 구부러져 있다. 수컷은 댕기가 없는 녹색 머리이고 암컷은 연한 갈색의 머리이다. 잠수해서 물고기를 잡아먹는다. 비행기가 활주로를 달리는 것처럼 이 녀석도 수면 위를 달리다가 날아가는데, 긴 목을 앞으로 뻗으면서 난다.

체험 노트 암놈과 수놈의 머리 색깔을 구분해 보자.

황조롱이

Falco tinnunculus

매과 | **구분** 텃새 | **번식기** 4~7월 | **월평공원** 숲, 밭 주변의 상공 | **울음소리** '깩, 깩, 깩, 깩' | **지정** 천연기념물 제323-7호

공중을 날다가 정지 비행을 하는 습성을 가지고 있는 맹금류로 논이나 밭 주변에서 작은 새나 들쥐를 잡아먹는다. 수컷은 밤색의 등에 갈색의 반점이 있고, 머리와 꼬리는 회색이고 꼬리 끝에 검은색 띠가 있다. 암컷의 머리 꼭대기와 꼬리는 갈색이다. 높은 건물이나 절벽의 틈, 버려진 까치집 등 다양한 곳에 둥지를 튼다.

겨울철 월평공원의 상공에서 원을 그리며 비행하는 모습을 찾아보자.

물닭
Fulica atra

뜸부기과 | **구분** 겨울 철새 | **번식기** 5~7월 | **서식처** 탑립돌보 | **울음소리** '구구구구'

몸 전체가 검고 통통하다. 부리와 이마는 흰색이고 다리는 검은색이다. 발이 물갈퀴와 비슷한 모양이라 수영과 잠수를 잘한다. 눈은 붉은색이다. 수생식물의 어린잎과 물고기, 곤충 등을 먹는다.

체험 노트 물닭이 날 때를 잘 포착하여 물갈퀴처럼 생긴 발 모양을 관찰해 보자.

재갈매기

Larus vegae

갈매기과 | **구분** 겨울 철새 | **번식기** 5~8월 | **서식처** 탑립돌보

부리가 노랗고 부리 아래쪽에 빨간 반점이 있다. 몸 전체는 흰색인데, 날개 바깥쪽이 검은색이며 끝에 흰색 반점이 있다. 눈동자는 노란색이고 다리는 분홍색이다. 죽은 동물이나 새를 먹고 물고기, 곤충 등을 먹는다.

재갈매기는 어디에서 올까. 서해에서 금강을 타고 갑천으로 올라오는 녀석의 여행길을 생각해 보자.

생태체험 프로그램

철새들을 만나는 특별한 시간, 조류 관찰하기

1. 탐조 활동

새들의 행동을 방해하지 않고 다양한 새들을 잘 관찰하기 위해서는 몇 가지 주의가 필요합니다. 사람들은 새를 관찰하고 조사함으로써 즐거움을 얻고 귀중한 정보를 얻을 수 있지만, 사실 새들은 사람들을 무척 경계하고 무서워하거든요. 사람들에 의해 방해를 받은 경험이 있는 새들은 사람들이 다가오거나 방해하는 것에 대해 굉장히 민감하게 반응을 보입니다.

특히, 겨울 철새들을 모니터링 할 때나 갯벌 모니터링처럼 이동성 조류를 관찰할 경우 새들의 각종 먹이행동, 휴식행동 등을 방해해서는 곤란합니다. 새들이 놀라 비행을 반복하게 되면 에너지의 소비를 증가시켜 후에 번식에 방해가 되거나 먼 거리를 날아 이동하는 데 방해가 될 수 있기 때문이지요.

2. 탐조 활동 시 주의사항

• 야외활동에 맞는 복장을 갖추고, 자연과 조화되지 않는 원색 계통의 옷은 피합니다.

• 큰소리로 떠들거나 스피커 등의 사용은 피해요. 언제나 조용히 움직여 다른 탐조객과 새들에게 방해되지 않게 합니다.

• 휴식이나 야영을 했던 장소에는 사람이 왔던 흔적을 남겨서는 안 됩니다. 가지고 간 쓰레기는 반드시 수거해 오도록 해요.

• 탐조에 방해가 된다 하여 주변의 자연물을 훼손하는 행위는 절대로 해서는 안 됩니다.

• 새들의 후각을 자극하는 짙은 화장이나 향수의 사용을 피하고 담배도 피우지 않도록 합니다.

• 새를 만날 때는 조용히 기다리는 인내심이 필요합니다. 특히 단체로 탐조 활동을 할 때 본인의 실수로 새들의 활동뿐만 아니라 다른 사람이나 전체의 탐조에 피해를 주지 않도록 각별히 주의해야 하지요.

• 새들은 한낮보다는 새벽녘이나 해질 무렵 먹이를 찾아 이동하기 때문에 이 시간에 관찰을 해야 하며, 또한 이 시간에 철새의 소리를 제일 잘 들을 수 있습니다.

3. 법으로 지정하여 보호하는 새들

천연기념물	197호 크낙새, 198호 따오기, 199호 황새, 200호 먹황새, 201호 백조(고니, 큰고니, 혹고니), 202호 두루미, 203호 재두루미, 204호 팔색조, 205호 저어새류(저어새, 노랑부리저어새), 206호 느시, 215호 흑비둘기, 228호 흑두루미, 242호 까막딱다구리, 243호 수리류(독수리, 검독수리, 참수리, 흰꼬리수리), 265호 연산 화악리 오골계, 323호 매류(참매, 붉은배새매, 개구리매, 황조롱이, 새매, 알락개구리매, 잿빛개구리매), 324호 올빼미 · 부엉이류(수리부엉이, 솔부엉이, 칡부엉이, 쇠부엉이, 소쩍새, 큰소쩍새), 325호 기러기류(개리, 흑기러기), 326호 검은머리물떼새, 327호 원앙, 361호 노랑부리백로, 446호 뜸부기, 447호 두견, 448호 호사비오리, 449호 호사도요, 450호 뿔쇠오리, 451호 검은목두루미
멸종위기조류 I 급 (12종)	검독수리, 넓적부리도요, 노랑부리백로, 두루미, 매, 저어새, 참수리, 청다리도요사촌, 크낙새, 혹고니, 황새, 흰꼬리수리

멸종위기조류 II급 (49종)	개리, 검은머리갈매기, 검은머리물떼새, 검은머리촉새, 검은목두루미, 고니, 고대갈매기, 긴꼬리딱새, 긴점박이올빼미, 까막딱다구리, 노랑부리저어새, 느시, 독수리, 따오기, 뜸부기, 먹황새, 무당새, 물수리, 벌매, 붉은배새매, 붉은해오라기, 뿔쇠오리, 뿔종다리, 새매, 새호리기, 섬개개비, 솔개, 쇠검은머리쑥새, 수리부엉이, 알락개구리매, 알락꼬리마도요, 올빼미, 재두루미, 잿빛개구리매, 조롱이, 참매, 큰고니, 큰기러기, 큰덤불해오라기, 큰말똥가리, 팔색조, 항라머리검독수리, 호사비오리, 흑기러기, 흑두루미, 흑비둘기, 흰목물떼새, 흰이마기러기, 흰죽지수리

4. 계절별 조류 모니터링 하기

① 봄(3월~5월)

봄철은 대부분의 조류가 번식을 하는 번식 시즌으로 산악 모니터링에서는 가장 다양하고, 많은 수의 조류를 관찰하기 좋은 시기입니다. 대개의 산새들은 산속 깊은 곳에서 관찰되기보다는 숲과 들판이 만나는 가장자리처럼 숲의 이면부에서 많이 발견되는 경향이 있지요.

번식기에 대부분의 산새들은 노랫소리를 내기 때문에 소리를 통해 종을 동정하는 것이 가장 효율적일 수 있습니다. 봄철 번식을 위해 우리나라를 찾아오는 여름 철새도 이때 많은 종과 수가 관찰되기 때문에 산악 지역 모니터링 시 봄철 조사는 매우 중요합니다.

② 여름(6월~8월)

여름철이 다가오면 산악 지역의 경우 숲이 우거지기 때문에 숲에서 산새를 눈으로 관찰하는 것은 봄철에 비해 어렵습니다. 비교적 늦은 시기에 찾아오는 여름 철새인 뻐꾸기, 두견, 검은등뻐꾸기의 소리를 듣기 쉽고, 파랑새, 솔부엉이, 새홀리기와 같은 조류의 번식을 관찰할 수 있는 시기이기도 합니다.

숲과 가까운 시냇가 주변에서는 물떼새 종류를 관찰할 수 있고, 다양한 할미새, 백로, 종류를 관찰하기 쉽습니다. 새들도 한창 더운 시기에는 활동을 쉬는 경향이 강하기 때문에 모니터링 시간대는 주로 아침 이른 시각이나 오후 시간대가 좋습니다.

호수와 같은 지역에서는 개개비, 쇠물닭, 덤불해오라기 등이 번식을 하는 시기이기 때문에 호수 주변 갈대밭에서 번식을 하는 조류에 대해 꼼꼼히 관찰할 필요가 있습니다.

③ 가을(9월~11월)

가을은 번식을 마친 여름 철새가 이동을 준비하는 시기로 때때로 대규모 이동을 하기 위해 준비하는 제비의 무리나 숲속을 지나가는 작은 산새 종류를 관찰하기 좋습니다. 숲을 통해 이동하는 이동성 산새 종류들은 유리딱새, 제비딱새, 쇠솔딱새, 노랑딱새와 같은 딱새 종류나 솔새 종류와 같은 작은 새들입니다. 새들이 좋아하는 다양한 나무열매(벚나무열매, 산초나무열매 등)가 열린 장소에서 가만히 앉아 기다리면 주변으로 지나가는 새들을 관찰하기 좋은 경우도 있고, 숲의 가장자리에 작은 옹달샘이 모여 있는 지역에서 머물며 물을 먹거나 목욕을 하기 위해 날아오는 조류를 관찰하며 모니터링 하는 것도 좋은 방법입니다.

④ 겨울(12월~2월)

겨울은 월동을 하기 위해 우리나라를 찾아오는 겨울 철새를 관찰하고 모니터링 하는 시기입니다. 모니터링에 나갈 때 추위를 피하기 위해 두툼한 방한옷과 방한모를 준비하면 장시간 모니터링 할 때 추위를 피할 수 있습니다. 산악 지역에서는 개똥지빠귀, 노랑지빠귀, 등과 같은 겨울 철새를 관찰할 수 있으며, 넓은 개활지나 농경지에는 기러기류, 두루미류를 관찰할 수 있습니다. 호수나 하천의 경우 특히 대규모로 모여 있는 물새류를 관찰하기 좋은 시기입니다.

겨울철 호수, 하천 주변에서 관찰되는 수금류로는 청둥오리, 고방오리, 쇠오리 등이 대표적입니다.

생태체험 프로그램

겨울 숲에서 놀기

1. 철새 관찰해 그리기

여러 종류의 철새들을 관찰하면서 생김새와 색깔을 꼼꼼히 살펴봅니다. 물속에 머리를 박고 먹이를 먹는 모습, 짝에게 사랑을 고백하는 모습, 고독을 즐기는 모습 등 새의 일상을 관찰하면 철새와 더욱 친근해질 것입니다.

준비물 쌍안경, 망원경, 필기도구, 색연필, 종이
장소 갑천변

1. 망원경과 쌍안경으로 갑천에서 놀고 있는 새의 모습을 관찰합니다.
2. 새 한 마리를 골라서 꼼꼼히 색과 모양, 행동 등을 살펴봅니다.
3. 머리와 날개, 몸통의 색깔, 부리 모양 등을 관찰하고 기록합니다.
4. 자신이 관찰한 새를 친구들 앞에서 발표합니다.
5. 발표가 끝난 후, 색종이를 말아서 부리처럼 만들어 봅니다. 종이 부리를 입에 대고 새 흉내를 내 봅니다.

2. 내 나무 찾아보기

겨울이 되면 숲속의 나무들은 모두 화려한 옷을 벗지요. 꽃과 열매, 잎이 무성하던 때와는 달리 왠지 춥고 초라해 보이기도 합니다. 그러나 겨울에 나무들

은 꽃과 잎, 열매를 피울 보물 상자인 새순을 만들고 있습니다. 나무와 친근하게 대화해 보면서 봄에 어떤 잎을 피울지 상상해 봅시다.

준비물 눈가리개

장소 월평공원 숲속

1 두 명씩 짝을 지어 봅니다.
2 먼저 짝의 눈을 눈가리개로 가린 다음, 나의 어깨를 잡게 하고 숲속 여기저기를 돌아다닙니다.
3 다니다가 한 그루의 나무를 정한 후 짝을 놓아 줍니다.
4 짝은 나무의 껍질도 만져 보고, 냄새도 맡아 보고 안아 보겠지요.
5 짝이 나무와 대화를 마치면 눈가리개를 풀지 않고 원래 출발했던 장소로 데리고 옵니다.
6 눈가리개를 풀고 자기의 나무를 찾아봅니다. 나무에 멋진 이름을 붙여 주고 봄에 또 한번 나무를 찾아와 보는 것도 좋겠지요?
7 짝과 바꾸어 위의 활동을 해 봅니다.

찾아보기

대전충남녹색연합(Green korea united. Daejeon)

대전충남녹색연합은 1997년도에 창립하여 대전충남 지역의 맑고 아름다운 환경을 지키는 생태환경 보전활동을 하고 있습니다. 1,500여 명의 회원들과 함께 미래세대를 위한 환경교육운동, 대기질 개선운동, 하천 살리기 운동, 탈핵 및 에너지기후변화 운동, 자연생태계 보전활동 등 녹색세상을 위해 활동하고 있습니다. 특히 '월평공원 · 갑천에서 신나는 자연학교', '나는 월평공원 생태박사', '에코다이브 인 대전' 등의 생태교육 및 체험활동을 하고 있습니다.

일반회원/청소년 회원가입 문의

전화 024-253-3241~2

홈페이지 www.greendaejeon.org | **이메일** daejeon@greenkorea.org

우리가 살고 있는 터의 건강한 환경을 지키기 위해,

우리 아이들이 더 푸른 세상에서 자라날 수 있도록,

대전충남녹색연합과 함께 아름다운 지구인이 되어 주세요.

월평공원 · 갑천
생태도감

초판 1쇄 펴낸날 2016년 9월 5일
지은이 강희영 김현숙 문광연 박영준 송태재 신창환 이순재 조영호

펴낸이 이용원
펴낸곳 (주)월간토마토
책임편집 이혜정
디자인 원나영, 문유림
표지 일러스트 및 표지 디자인 원나영
인쇄 유상인쇄

등록 2010년 3월 23일 (제25100-2010-000004호)
주소 34920 대전광역시 중구 대흥로139번길 38
전화 042.320.7151 **팩스** 0505.115.7274
이메일 mtomating@gmail.com
홈페이지 www.tomatoin.com
페이스북 월간 토마토 **인스타그램** @magazinetomato

공동제작 대전충남녹색연합 이동규 상임대표
공동편집 및 감수 대전충남녹색연합

월평공원과 갑천 풍경 그림 백상구 / 월평공원 · 갑천 지도 그림 이기수

· 이 도서의 국립중앙도서관 출판예정도서목록(CIP)은 서지정보유통지원시스템 홈페이지(http://seoji.nl.go.kr)와 국가자료공동목록시스템(http://www.nl.go.kr/kolisnet)에서 이용하실 수 있습니다.(CIP제어번호: CIP2016019986)

ISBN 978-89-97494-35-4 96470